U0336187

如何
达成目标

[美] 海蒂·格兰特·霍尔沃森 著
（Heidi Grant Halvorson）

王正林 译

* * *

SUCCEED
How We Can Reach Our Goals

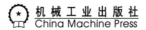

机械工业出版社
China Machine Press

图书在版编目（CIP）数据

如何达成目标 /（美）海蒂·格兰特·霍尔沃森著；王正林译 . 一北京：机械工业出版社，
2019.5（2022.11 重印）

书名原文：Succeed: How We Can Reach Our Goals

ISBN 978-7-111-62250-5

I. 如… II. ①海… ②王… III. 成功心理 – 通俗读物 IV. B848.4-49

中国版本图书馆 CIP 数据核字（2019）第 072704 号

北京市版权局著作权合同登记 图字：01-2018-0188 号。

Heidi Grant Halvorson . Succeed: How We Can Reach Our Goals.

Copyright © Heidi Grant Halvorson, 2010.

Simplified Chinese Translation Copyright © 2019 by China Machine Press.

Simplified Chinese translation rights arranged with Heidi Grant Halvorson through Andrew Nurnberg Associates International Ltd. This edition is authorized for sale in the Chinese mainland (excluding Hong Kong SAR, Macao SAR and Taiwan).

No part of this book may be reproduced or transmitted in any form or by any means, electronic or mechanical, including photocopying, recording or any information storage and retrieval system, without permission, in writing, from the publisher.

All rights reserved.

本书中文简体字版由 Heidi Grant Halvorson 通过 Andrew Nurnberg Associates International Ltd. 授权机械工业出版社在中国大陆地区（不包括香港、澳门特别行政区及台湾地区）独家出版发行。未经出版者书面许可，不得以任何方式抄袭、复制或节录本书中的任何部分。

如何达成目标

出版发行：机械工业出版社（北京市西城区百万庄大街 22 号 邮政编码：100037）

责任编辑：王钦福 姜 帆

责任校对：李秋荣

印 刷：涿州市京南印刷厂

版 次：2022 年 11 月第 1 版第 8 次印刷

开 本：147mm×210mm 1/32

印 张：8.375

书 号：ISBN 978-7-111-62250-5

定 价：55.00 元

客服电话：（010）88361066 68326294

版权所有 · 侵权必究

封底无防伪标均为盗版

谨以此书献给

我的丈夫乔纳森和我的孩子们，安妮卡和马克斯，

以及我的母亲西格丽德·格兰特。

升级你的行动工具箱

写这篇推荐序的时候，恰逢 2018 年年底，距离新年的到来只有三天了。我相信，不少人正在懊恼，过去的一年又浪费了时光，不少计划没有完成；我也相信，新年伊始，不少人还会制订野心勃勃的计划。

花开花落，春去秋来。不用猜，我相信不少人终将蹉跎岁月，不断开始新一轮的懊悔。

这是为什么呢？因为我们带着石器时代的大脑，活在一个信息爆炸、人际复杂的互联网时代。今天，人们制订计划、执行计划的习惯，不少都是错误的。

来，让我们看看下面三个新年计划：

（1）在新的一年中，我希望自己加入某家名声赫赫的大公司，得到越来越多人的认可。

（2）在新的一年中，我希望自己考试拿 A，或者达到一个新的绩效目标。

（3）在新的一年中，我要学会编程；我要坚持健身；我要读完 100

本好书。

这三个计划是不是看着眼熟？然而，它们都是错误或不够高效的。

自我决定论：更换动力系统

第一个计划涉及人类动机。如果说动机是人类行为的燃料，驱动着你去做事，那么，这些燃料也分成外在动机与内在动机两类，如图 0-1 所示。

非自我决定 ━━━━━━━━━━━━━━━━━━━━━━━━━━▶ **自我决定**						
动机	缺乏动机	**外在动机**				内在动机
调节风格	无调节	外部调节	内摄调节	认同调节	整合调节	内在调节
动机来源	非个人	外部	偏外部	偏内部	内部	内部
调节因素	-无目的 -无价值 -无能力 -无控制	-顺从 -外部奖赏 与惩罚	-自我控制 -自我投入 -内部奖赏 与惩罚	-个人重要 性 -价值意识	-一致性 -觉察 -自我整合	-兴趣 -享受 -内在满足

(Based on Ryan, R.M. & Deci, E.L. (2000). Self-Determination Theory and the Facilitation of Intrinsic Motivation, Social Development, and Well-Being. American Psychologist. 55(1), 68-78.)

By @OliverDing

图 0-1 自我决定论图解

最左边的"缺乏动机"很好了解，即类似机器人。有一些人因为特殊原因会表现得近似机器人；最右边的"内在动机"也好理解，即依靠兴趣、内在满足而活的人。较难理解的是外在动机，人们常常不觉得自己是为外在动机而活，事实上却是如此。受到外在动机控制的有四类人。

第一类人的调节风格属于外部调节。这类人受外部奖赏和惩罚影响大，多发一点工资，就多做一点工作；哪件事情带来的声望大，就做哪件事情。在他们眼中，工作就应该和薪资、名望捆绑在一起。钱与名，多多益善。却不知，一旦习惯这种外部奖赏，当你失去奖赏时，你从此也会失去做事的动力。

第二类人的调节风格属于内摄调节。这类人吸取了很多外在规则，但并没有完全接纳，将其整合成自我的一部分。这类人经常体验到外在规则与内在自我不匹配导致的冲突。比如常常有人在痛苦地思索自己究竟是为钱工作还是为兴趣工作。

第三类人的调节风格属于认同调节。这类人因为某个规则或价值观能够给自己带来好处而接纳它。相对于第二类人来说，第三类人更少体验到冲突，自我决定成分较高。比如一位大臣，故意挑皇帝的毛病，皇帝要杀他，他还高兴，这就是认同调节。他依然不是为内在兴趣或自我满足而活，而是因为"忠于君主"的声名能给自己带来好处，因此将此价值观作为自我的一部分。

第四类人的调节风格属于整合调节。这种调节相对前三种来说，最为隐蔽。如果说外部调节的人是奔着名利做事，内摄调节的人是社会上的大多数（人们多数时候奔着名利做事，偶尔兴趣来了，内心就会产生冲突），认同调节的人是精致的利己主义者，很少感到内心冲突，那么，整合调节的人则是欺骗自己的成功的政治家。这类人已经将外在动机完全整合到自我中。虽然他们的自我决定成分高，但其行为依然指向那些与兴趣、热情等内在动机分离的外在。

你也许认为，当你开始为某个目标奋斗时，它就能给你源源不断的动力，然而并不是这样。只有那些靠近内在动机的目标，才能让你更好地持续努力。正如本书作者海蒂·格兰特·霍尔沃森所言，目标并不是全部。

我们发现有些目标对人类身心发展的基本需求更加有益。它们能使我们的内在世界更加丰富，增强我们的自我价值感，从而让我们不再从他人的眼中寻找肯定。如果你想真正快乐（并且动力十足）的话，你不光要注重目标所含的内容，还要顾及目标的源头。

奖赏会伤人，因为名利和他人的肯定，无法满足这些需求，反而会削弱你的动机。那些能满足我们内在动机的目标，更能给我们带来源源不断的动力。

升级你的行动工具箱的第一步，就是给自己安装一套新的动力系统：基于自我决定论，从外在动机转变为内在动机。

成长型心智：升级导航系统

第二个计划涉及你如何看待你的目标。

在看待目标时，你是注重出色表现还是成长进步？注重出色表现是多数人的选择，它让你力争上游，也会让你在遇到障碍时备感耻辱，甚至一蹶不振；而追求进步的人，在遇到阻碍时，会聚焦在问题解决上：我是不够努力吗？是方法用错了吗？我要不要请教别人？如此，他们面对困难时更加坚韧，收获也更多。

追求"成长进步"的目标同成长型心智密切相关。什么是成长型心智？它是本书作者霍尔沃森的导师、斯坦福大学心理学教授卡罗尔·德韦克 (Carol S. Dweck) 提出的概念。

德韦克发现，一些人常常相信智力、性格是不能改变的，倾向于从自己的智商、性格的角度看待任务的挑战；而另一些人则常常相信智力、性格是可以改变的。前者，德韦克称之为僵固型心智；后者，德韦克称之为成长型心智。两类孩子、两类成人自学者、两类领导都会表现出不同的发展取向。

僵固型心智的人往往倾向于炫耀自己以往的智商与既定成果，一旦遭遇挫折，则感到郁闷；而成长型心智的人则会更灵活地看待人生中的挑战性任务。德韦克曾将 400 名五年级学生分为两组，一组获得"用功"的表扬，另一组获得"聪明"的表扬，被赞赏用功的那组测验成绩较好，也较能应付困难的功课。实验结论是：赞美孩子的天赋，往往使他们误以为凭天赋就会成功，不必努力。结果他们害怕考验，不会努力保持好成绩，反而停下来任人赶上。

升级你的行动工具箱的第二步，就是给自己安装一套新的导航系统，从僵固型心智转变为成长型心智。

执行意图：善用行动杠杆

第三个计划涉及你如何提高计划执行成功的概率。

人类大脑爱联想，一旦你把"我要读完 300 本书""我要去周游世界""我要成为更牛的人"写下来，大脑会以为你已经完成了这些计划。因为它们没有任何具体的行动步骤。在未来一年内，你的大脑不会有任何行动。

于是，痛苦的自责开始了……

为什么要这么费力气说服自己呢？尝试使用一个小小的心智黑客技巧，就更容易克服拖延症、达成目标。这就是本书第 9 章介绍的"执行意图"（implementation intentions）。它由心理学家彼得·戈尔维策（Peter Gollwitzer）发明。

戈尔维策将"我要减肥十斤"这种制订计划的方式称之为"目标意

图",他强迫自己的实验对象使用一种叫作"执行意图"的目标制订方式。什么是执行意图?它就是使用"如果……那么……"的句式来设定目标。比如:

◆ 把"我要多运动"改成"如果到了每周三、周五的傍晚五点,那么我就去操场跑步"。

◆ 把"我要减肥"改成"如果今天已经摄入了1800卡路里,那么我就不能再吃了"。

听上去是不是很简单?本书作者霍尔沃森曾参与彼得·戈尔维策对"执行意图"的实验:放暑假的十年级学生即将面对"学业能力倾向初步测验"(PSAT),实验者发给学生10套模考题,要求他们在假期内完成。一半学生用执行意图制订了时间、地点计划("平日早餐后,在我的屋子里"),一半学生没有这样做。实验结果是:没有做时间、地点计划的学生平均完成了100道题,而做了计划的学生平均完成了250道题,是前者的两倍之多。

这个改变,仅仅来自制订时间、地点计划所花费的一点时间。执行意图能帮你将目标拆解为具体步骤,在大脑中埋下时间、地点的触发点,化解可能的障碍。它巧妙运用心理的时空转换,是大脑对未来许下的承诺。你还可以参考戈尔维策的妻子加布里埃尔·厄廷根(Gabriele Oettingen)提出的WOOP方法:

◆ W代表Wish(愿望),设定你内心渴望实现的目标;

◆ O代表Outcome(图景),想象你实现愿望后的最好图景;

◆ O代表Obstacle(障碍),即为了实现愿望,你将会遇上的困难;

◆ P 代表 Plan（计划），用执行意图（如果……那么……）来设定应对
场景的反应。

升级你的行动工具箱的第三步就是，你需要善用行动杠杆，从目
标意图转变为执行意图。

小结

这个世界存在着太多行动破坏者。这首先是一个矛盾的世界，既
要求你严守纪律又要求你富有创意，既要求你忠诚可靠又要求你激情澎
湃。其次，这是一个容易令你分心的世界，从老板、客户到你的同事，
那么多人随时可以打断你。甚至，多数人错误地选择了开放办公空间，
误以为这样就能提高沟通效率，然而越来越多的研究发现，对于知识工
作者来说，开放办公空间弊大于利。最后，这个世界还是一个充满诱惑
的世界。只是今天的诱惑在科技与媒体的包裹下，变得日益隐晦。正
如《黑客与画家》的作者保罗·格雷厄姆（Paul Graham）所说，在美国，
唯一强迫人的方式是征兵，但我们已经 30 年没有这么做过了，而是一
直利用名利吸引人工作。

世界越复杂，你就要越简单。与矛盾、分心、诱惑同行，你需要
升级你的行动工具箱。自我决定论、成长型心智与执行意图这三个行动
工具分别来自动机心理学、人格心理学与认知心理学的前沿进展。正是
在科学的武装下，我们才得以在这个世界上更好地生存与发展。

阳志平，安人心智集团董事长、心智工具箱公众号作者

2019 年 4 月 28 日

人们可以改变

海蒂·格兰特·霍尔沃森（Heidi Grant Halvorson）熟知关于确定目标和实现目标的方方面面。在本书中，她将和你分享这些知识。

在书中，她将最新的心理学研究成果去粗存精，发挥其实用价值：你为什么不坚持自己的"新年决心"？如果你正在写一份不久将要提交的报告，如何才能确保自己按时提交报告？为什么有时候着重关注学生的成绩，他们的成绩反而下降？怎样使自己的目标与人生观保持一致？为何有些抑郁的人反而效率很高？格兰特·霍尔沃森博士回答了所有这些（以及更多其他的）问题，你可以从她的回答中得到许多启示。

格兰特·霍尔沃森博士不仅是位卓越的作家，还是一位研究人员，她主持了书中的许多研究！她从职业生涯的开始，便知道人们的目标与其生活幸福感、个人成就密切相关。同时，在研究过程中，她对人为什么要确定目标，为什么有的人能实现、有的人却不能实现目标等问题形成了鞭辟入里的洞察。实际上，她的研究解释了我在上一段里提到的每个问题。

格兰特·霍尔沃森博士在挑选其他人的研究成果方面品位很高。她知道哪些研究成果重要且有意义，也知道如何萃取其中的精髓和实用价值。有些心理学研究严谨缜密但缺乏实际意义，有些虽然颇有意义却又缺乏严谨、可信的依据，但你将在这本书里看到的所有内容，不但揭示了人类动机的最基本过程，也一直坚持着最高的学术标准。这正是此书的特别之处。

这本书传递的一条最重要的信息是：人们可以改变。这不一定容易做到，但只要人们树立了正确的动机，并且了解了怎样进行改变才是正确的，那么，改变是可能的。一直以来，人们心中都有个疑问：从哪里了解这些关于改变的知识呢？只需打开此书，答案近在眼前。

身为格兰特·霍尔沃森博士的导师之一，我深感自豪，而更让我兴奋的是，我从她的成就、知识以及智慧里学到了更多。随着你一页一页地翻读这本书，你就会明白我这话的意思了。

卡罗尔·德韦克博士（Carol S. Dweck）

S U C C E E D
How We Can Reach Our Goals

|目　录|

第三部分　行动起来

引　言

　　我们为什么实现不了自己的目标？不论是想给老板留下良好印象、追求美好爱情、理顺我们的财务，还是想更好地照顾自己，我们都觉得自己的人生中至少有一个方面确实需要提高（而且，实际上通常不止一个方面）。我们想要做得更好，甚至也尝试过，但不知为什么总是功亏一篑或者达不成目标，有时还会一而再，再而三地失败。我们为失败寻找根源，而大多数时候，我们认为根源在我们自己。我们觉得自己似乎根本不具备达成目标的条件（不论这条件是什么）。这想法真是错得不能再离谱了。

　　作为一名社会心理学家，我研究"成就"这个主题已经很多年了。我仔细观察过数千名研究参与者在工作中、学校里、赛场上以及我的实验室里是怎样追求各自的目标的。我请人们连续几周填写每日日志报告，让他们告诉我他们在自己的日常生活中如何追求目标。我还阅读过成百上千篇关于目标与动机的研究报告。通过观察、实践和学习，我得出一些结论，现在就想和你分享其中的两条。

　　第一条结论是：我们大多数人为失败找错了原因。就连那些聪明睿智、成就不凡的人，也不明白自己为什么成功或失败。以前，我并没有以研究"成就"这个主题为生，那时的我对成就的直觉，不比别人好到哪儿去。我认为，我的学习成绩不错，但体育十分糟糕，原因是我天生如此。其实不是这样（事实上，没有人"天生如此"）。我要学的东西还有很多。

　　另一条我通过多年研究得出的结论是：人人都能更加成功地达成目标，没错，人人都能，再怎么强调都不为过。但是，你要做的第一步是放下对自己过去成败的看法，因为它们可能是错的；第二步是阅读这本书。

　　可能你还没有发觉，美国政府一直在持续追踪人们的成功或失败。在 www.USA.gov 这个政府网站上，你可以找到一份"新年决心"一览表，上面记录着最受美国人欢迎的、长年存在的"新年决心"。假如在那个一览表上看到"减肥"和"戒烟"等字眼，你也许不会感到惊讶。每年 1 月，数百万人会为自己确定一两个目标，也许你和我一样，也是其中之一。我们发誓新的一年要让自己身体更健康，能够重新穿那些紧身牛仔裤，或者成功戒烟，因此省下一小笔钱。

　　根据美国疾病控制与预防中心（Centers for Disease Control and Prevention，CDC）最新发布的报告显示：每 3 名美国人中有 2 人超重，而且有 1 人肥胖。这些人大多数想减肥。体重超标者不仅要设法防止患上心脏病和糖尿病（由于体重超标，患这两种疾病的风险也增大），还要竭力应对"苗条即时髦"的社会公众舆论对自己自信心的打击。然而，尽管书市上充斥着各类减肥书籍，减肥计划随处可见，人们也有着真正强烈的渴望——变苗条，但到最后，在那些迈出了减肥第一步的人之中，只有相对较少的人能减轻体重并长期坚持下去。我们没有变瘦，而那些紧身的牛仔裤也还躺在衣橱里等着我们。

　　美国疾病控制与预防中心也追踪吸烟者的数据。如今，在美国成年人中，吸烟者约占 1/5。根据 CDC 的调查显示：每 10 位吸烟者中，有 7 人表达过彻底戒烟的愿望，而且，在这些想戒烟的人（超过 1900 万人）之中，一半的人在过去一年里曾尝试至少戒烟一天，但到最后，只有 300 万人坚持下来。也就是说，在想要戒烟并且真正制订过戒烟目标的人之中，大约 85% 的人最后失败了。尽管人人都知道吸烟严重危害健康，可每年还是有近 50 万美国人死于与吸烟有关的疾病。因此，如果你是吸烟者，没能成功戒烟，到最后你也许会因为与吸烟有关的疾病而死去。实际上，那 85% 的尝试过戒烟却每年都戒不掉的人，很清楚这一点。

　　失败率为什么那么高呢？很明显，许多减肥或戒烟失败的人不是没有动力。再没有什么比"我可能会死掉"更能激励人们戒烟了。但为什么他们还是在对自身健康至关重要的目标上一再失败呢？你最常听到的答案，也是我在问你这个问题时你最有可能想到的答案——**意志力**（willpower）。说到"意志力"，我的意思是指人们内在力量中的某种能使他们成功抗拒诱惑的特质。大部分人相信，这从根本上说是人格问题，有些人有意志力（身材苗条的人、不吸烟的人，我们因此而钦佩他们），另一些人没有意志力（我们据此来评判他们）。我们觉得，那些没有意志力的人就是弱者，不太成功，他们的性格特征并不是很令人钦佩。

　　有趣的是，我们不但这样总结别人的失败，还用同样的方法评价自身的不足。我无数次听到同事、学生和朋友说起他们"就是戒不了烟""就是抵挡不了甜点的诱惑""就是无法着手完成一项艰难的任务"。而你一旦认定自己就是没有意志力去减肥、戒烟，或者没有意志力去克服拖延的陋习，那为什么还要麻烦地去尝试？你去做这些，有什么希望呢？

　　嗯，这个问题的答案是：希望还是有的，而且还很大，因为意志力不是你想象的那样。如果我们用一个不那么高深的词来替换它，也许会更有帮助，因为我们在这里探讨的，确实就是简单的**自制力**（self-control）。自制力是在追求目标过程中指引你行动的能力，它使你在诱惑和干扰面前仍然紧盯目标、坚持不懈，直到完成目标。自制力极其重要，它是实现目标的关键要素之一，我会在本书中一再提到它。但是，它发挥作用的方式与你想象的不同。

成功者和自制力的悖论

　　首先，并不是有的人有自制力，而另一些人没有自制力。如果真是那样的话，你会发现世界上所有的人都能被清晰地划分为"赢家"和"输家"。掌控着自制力这种神奇力量的人是成功者，他们自始至终都成功，不论做什么总是赢家。而不具备这种神奇力量的人是失败者，他们不论做什么都将失败。为什么？因为这些人没有任何自制力，甚至每天早晨从床上起来，几乎都成为不可能完成的任务！

　　这显然不是事实。赢家并非在任何事情上都会赢，也没有人的自制力缺乏到无法做好任何事情的地步。事实上，每个人都会有一些自制力，只是有的人会比其他人多一些。而且，正如研究显示的那样，即使是那些具有极强自制力的人，有时候也会缺乏自制力。为了更生动地说明这个观点，只要想一想在各自领域中极其成功的人士，他们也曾公开表明，在"减肥"和"戒烟"这两个"新年决心"的某一个上面，自己也曾苦苦挣扎、难以坚持。

那些公开谈论自己多次减肥经历并坚持下去的明星，包括格莱美音乐奖得主珍妮·杰克逊（Janet Jackson）、薇诺娜·贾德（Wynonna Judd），奥斯卡奖或艾美奖获奖者奥普拉·温弗瑞（Oprah Winfrey）、罗斯安妮·巴尔（Roseanne Barr）、克斯蒂·艾丽（Kirstie Alley）、罗茜·欧唐内（Rosie O'Donnell）以及伊丽莎白·泰勒（Elizabeth Taylor）。也许你曾在超市付款通道摆放的杂志上注意到，流行杂志总把这些或其他一些知名人物的照片放在封面上。有时候，明星们骄傲地展示着通过健康饮食和刻苦锻炼才好不容易换来的苗条身材。另一些时候，封面照片也会披露她们重拾旧习、减肥失败和体重反弹后的身材，还时常伴随一些非常不友好的评论。（如果你问我为什么只列出了女明星，并不是因为成功男人就没有为体重而苦恼过，只是因为女性更爱公开讨论这个话题罢了。）

现在也许是提出下面这个观点的好时机：我们有时候由于不知道需要做些什么才能实现我们的目标，因而没能实现目标，更常见的一种情况是，即使我们准确地知道需要做些什么，可仍然会失败。每个人都知道控制饮食、加强锻炼有助于减轻体重。然而知道是一回事，真正去行动则完全是另一回事。不管我们在做什么事情，大多数人都可能关注并且十分清楚地看到这种现象，不论是减肥、戒烟、意识到我们工作或学习的潜力，还是修复（或离开）一段已经失败的关系。即使我们感到自己更好地了解了自己没能实现目标后会遭遇的各种令人不快的结果（通常是接受残酷的公众监督），但我们还是一而再，再而三地犯着同样的错误。

说到公众监督，美国前总统奥巴马以及他那反反复复的戒烟行动，也许是展示成功人士如何难以执行"新年决心"的一个最好例子。2007年2月，当时还是参议员的奥巴马向《芝加哥论坛报》表明了他彻底戒烟的坚定决心。

> 过去几年我曾间歇性地戒烟。这次，我夫人给我提出了不可动摇的严格要求，那便是：即便在竞选活动的压力下，也不能再度复吸。

结果他没有成功。2008年年底，当选总统的奥巴马告诉汤姆·布罗考（Tom Brokaw，美国全国广播公司时任新闻主播。奥巴马竞选总统时，布罗考曾出任第二场总统辩论的主持人，此后多次采访奥巴马），说自己已经戒烟，但是"偶尔也会旧瘾重犯"。2008年12月，《纽约时报》发表文章指出："奥巴马先生在接受各种采访时心情愉快地聊到吸烟这个话题，从中不难看出，他和许多年底发誓戒烟的人一样，没能真正做到。"我们确实没办法知道总统先生到底是不是又开始吸烟了，也无从知晓他从什么时候开始复吸，而且，他也不太可能在白宫草坪上吸烟，以免被人"当场逮住"。我肯定希望他戒烟成功，但如果没能戒掉，也没必要大惊小怪，毕竟有些吸烟者是戒烟十次以上才获得成功的。

奥巴马总统缺乏自制力吗？不可能。他的背景相对卑微，后来逐渐成为可以称得上世界上最有影响力的人。假如他出身名门、拥有新英格兰贵族血统，那么，他从社区组织者开始，当上《哈佛法律评论》主编，再到州参议员、联邦参议员，一路平步青云，最终当选美国总统，也只能说是让人羡慕罢了。但他没有那样的背景，他只是一个出生于不完整、不富裕家庭的混血儿，除了具有非凡的智商和决心，再没有任何优势。即使你不是他的粉丝，也不得不承认，这家伙确实知道如何实现目标。

我之前提到的几个人，全都是极其成功的知名人物。他们中很多人克服和战胜了几乎不可逾越的障碍和逆境，创下一番伟业。无数的孩子梦想着有朝一日能成为屡获殊荣的艺术家或是强大的世界领袖，但几乎没人能做到。如果不具备非常强的自制力，没人能取得这样的功绩。即使是获得一般意义上的普通成功，也需要不少的自制力。回想一下你自己一生中的成就吧，也就是那些最令你感到自豪的成就。我敢跟你打赌，为了取得这些令人自豪的成就，在你原本更容易想到放轻松一些，不去劳心费力地做事时，你得付出艰苦卓绝的努力，在艰难局面下坚持不懈，并且时刻保持专注；在你觉得放弃自己的目标也许是件有趣得多的事情时，你得远离这样的诱惑；在你原本可以相信自己很厉害、不再需要进步，从而让自我感觉非常良好时，你得坦诚地剖析自己的不足。所有这些实现目标的每个方面都需要自制力。毫无疑问，像奥巴马总统这样的人具有超乎寻常的自制能力，但他依然在戒烟这件事上反反复复。这又怎么来解释呢？

自制力到底是怎样的

实际上，如果你理解了自制力的真实本质，上面的问题就完全可以解释得通了。根据最近得出的一些有趣的研究成果，心理学家开始明白，自制力很像我们身上的一块肌肉。没错，它好比肱二头肌或肱三头肌。我知道，这听上去有些怪异，但让我来解释。

如同肌肉那样，自制力的强度各不相同——不仅因人而异，还会随着时间的变化而变化。极其发达的肱二头肌有时也会疲倦，你的自制力同样如此。在最初研究自制力（有时也叫作自律能力）理论的一系列实验中，罗伊·鲍迈斯特（Roy Baumeister）和他的同事们做过这样一个实验：在极其饥饿的大学生面前放一碗巧克力和一碗萝卜。[1]

每个学生面前都摆着这同样的两碗食物。实验者告诉其中的一组学生，自己等一会要离开，只剩下学生单独在这里。在独处期间，学生只能吃两三块萝卜，不能吃巧克力。另一组（幸运的）学生则只能吃巧克力，不能吃萝卜。和只能吃巧克力的学生比起来，只能吃萝卜的学生需要更强的自制力。对大多数人来讲，光是生吞萝卜或者眼巴巴地看着有巧克力而不能吃，就已经够难了，何况这两种情景合二为一。

接下来，为了测试这两组学生自制力的消耗程度，鲍迈斯特又给每人出了一道智力题。这道题挺难，实际上无解，鲍迈斯特只是想知道学生们会坚持做题多久后放弃。正如"肌肉"理论预测的那样，吃萝卜的学生比吃巧克力的学生放弃做题的时间早得多。他们甚至说，做完整个实验后，整个人更加疲惫了。

这跟你我有什么关系？跟其他并不涉及萝卜的情景，又有什么联系呢？从这个角度来想：你刚刚运动完的时候，和你刚到健身房的时候相比，你的肌肉一定更加疲劳，体力也消耗了不少。同样的道理，当你刚刚做完一件需要很多自制力的事情（比如制作一期电视节目），你可能也耗费了大量的自制力。最近的研究显示，即使是做一个日常生活中的决定，或者是试图给别人留下好的印象，都会消耗（自制力）这一宝贵的资源。那些在人生的一个或多个领域里极其成功的人，恰恰是由于他们把大部分自制力投入到相应的领域，才如此成功的。如果每天都面临很多压力，不论你是什么人，都会感到身体被掏空，从而可能达不成自己的目标。

在《奥普拉杂志》（*O Magazine*）的一篇文章里，奥普拉·温弗

瑞这样总结她最近身材发胖的原因：[2]

> 今年我意识到，我的体重问题不是由于吃得太多或运动太少造成的……而是由于生活失衡，工作太多娱乐太少，没有时间静下心来。我让这口井干涸了。

我认为后面一部分说得太深刻、太准确了。如果你过度榨取你的自制力之井，它肯定会被榨干。

你能做什么

现在，你也许在想："好了，减肥失败不是因为我缺乏意志力，而是因为我把意志力用来追求其他重要的目标了，比如在工作上干一番事业。这很好，但这又怎么能帮助到我呢？"没错，这可以帮到你，是因为你知道了自制力是怎么一回事之后，便可以更好地制订计划了。这将我们带到了"肌肉"理论的另一个方面，也就是，假如你歇息一会儿，你的力量就能恢复。消耗只是暂时的，当你刚刚耗尽自制力的储备时，你也最为脆弱。你是否注意到，随着时间的推移，你与诱惑的对抗会变得更容易一些？刚开始让自己放下一块点心、一根烟，或者想到即将做那项可怕的工作，可能令你备受煎熬，但慢慢地也就不那么难熬了。如果你能熬过自制力消耗一空的阶段，并给它时间恢复，你可能就没什么问题了。

这个问题还有其他方式能解决。有时合适的激励和奖励也能帮助你克服自制力的缺乏。心理学家马克·穆拉文（Mark Muraven）和伊丽莎白·斯雷萨莱娃（Elisaveta Slessareva）开展过一项研究，让参与研究的凯斯西储大学的学生观看一段罗宾·威廉姆斯的五分钟幽默脱口秀视频。[3]研究者告诉一半的学生，他们的行为会被监控探头拍摄下来，并且不准笑。对另一半的学生则没有这样的要求。由于视频非常搞笑，强忍着不笑需要很大的自制力，从而消耗了很多的意志力资源。为了论证这种资源的消耗，研究者又给所有学生喝酷爱牌（Kool-Aid）橙汁，但没有放糖，而是放醋。这种"混合"橙汁很难喝，但如果强迫自己的话，还是能咽下去（如果你曾强迫自己吞服感冒药，就会明白），这个举动需要自制力，但也可以做得到。

穆拉文和斯雷萨莱娃的实验并不是到这里就结束了，学生们每咽下 1 盎司（29 毫升）的"饮料"，就会得到相应的奖金。研究者将奖金的金额不断改变，进行了多组实验。在奖金少的那一组中（每咽下 1 盎司橙汁奖励 1 美分），看视频时可以笑的学生比不能笑的学生多喝了两倍的橙汁，可以看得出来，后者的自制力消耗了不少。但奖金多的那组（每咽下 1 盎司橙汁奖励 25 美分）则完全没有表现出这个现象。那些之前强忍不笑的同学也灌下去了不少的"混合饮料"。

这是不是意味着金钱能买来自制力？或者换句话说，奖励可以补充意志？不完全准确。更确切的说法可能是：以奖励的方法增强动机，可以弥补短时间内消耗的自制力。毋庸置疑，这正是许多减肥成功人士成功的秘诀：他们把除了食物以外的其他奖励方式作为减肥策略的重要部分。当你太过疲惫而难以抵挡诱惑时，任何对你来说有效地增强动机的方式，都是让你重新找到平衡的砝码。

意志力或者自制力还在另一个方面与你想象的可能不同，那便是：它既不是天生的，也不是不变的。自制力是后天得来的，通过锻炼可以逐渐变得强大（或者，如果你不锻炼它，随着时间的推移，它会逐渐变得衰弱）。如果你想得到更强的自制力，你也可以做到。增强自制力的方式与增强肌肉性能是一样的，你得定期锻炼。最近一项研究表明，每天坚持锻炼身体、记账或者记录饮食情况，甚至只要时不时提醒自己坐直，都能帮助人们提高总体的自制力。举个例子，在一项研究中，研究者要求学生们每天都进行运动（并且坚持下去），结果，这些学生不但身体更健康了，而且更有可能吃完饭后直接把碗洗了，而不是把碗留在水池里不洗，同时还更不容易冲动地花钱了。

在另一个证明自制力可以通过定期锻炼而增强的研究中，马修·加约（Matthew Gailliot）和他的同事让参与者用非惯用手来刷牙、搅饮料、吃饭、开门、操作鼠标等，并且坚持两周。[4]（在这个实验的另一个版本中，研究者严禁参与者说脏话，并且说完整的句子，"是"就说"yes"而不说"yeah"，"不"就说"no"而不说"nope"，而且不用"我"作为句子的开头。）通过两周的"自制力肌肉"训练，参加训练的成员比未参加训练的成员能更好地完成需要自制力的任务。特别是，训练了两周后，参与者还更少用成见来看待别人了。令人遗憾的是，通常情况下人们很难做到这一点，但这本书不打算阐述这个主题。

本书的主题

我在引言中花了很多时间阐述自制力，不但因为它的确很重要，而且因为它是一个很好的例子，可以用来证明我们的直觉在有些看似明显的事情上并不是那么准确。它也很好地例证了心理学这门科学的实用性——不仅能帮助我们了解意志力的本质，还能告诉我们怎样获得更多的意志力，假如我们想要的话。

然而，这本书真的不只是阐述意志力。它还描述如何实现目标，而自制力只是这个难题中的一环。具体来讲，成功需要我们理解目标到底怎样发挥它的作用、什么事情往往会出错，以及怎么做才能帮助自己或他人实现目标。

关于实现目标，你听到过的大部分建议既显而易见，又一无用处。比如，我们都知道要"保持积极的心态"和"制订计划"，还有"付诸行动"，但我为什么要保持积极的心态？总要这样吗？（不。）我们应当制订什么样的计划？这很重要吗？（是的。）我要怎样采取行动？我知道，要减肥就得少吃多运动，可是我似乎从来都做不到。这种状况可以改变吗？（当然。）

本书的一些建议可能让你备感惊讶，实际上，我确定你会吃惊。这些建议从优良的信息来源中摘录而来，不仅摘自我本人开展的关于目标与动机的研究，还摘自国际顶尖的心理学家们几十年来严格进行的数百次实验和现场研究。

我很想把这本书取名为《成功：实现所有目标须知的三件事》，这样的话，我也许能多卖一些书。但事情并非如此简单，你需要知道的事情不止三件。例如，在你的脑海中，即使面对同样的目标，也会有许多种方式来构建。你觉得这次晋升是你理想中想要实现的，还是必须要实现的？掌握课堂知识是为了培养技能，还是为了证明自己聪明？这些区别很重要：以不同方式构建的目标，实现起来需要采用不同的策略，而且目标实现过程中差错的多和少也会有差异。以某种方式构建目标，会使人拼命努力却一点都不热爱自己所做的事；以另一种方式构建目标，你有可能培养兴趣和趣味，但说实话，也许不会让你获得光鲜夺目的绩效，至少在短期内是这样。对于某些目标，自信是必需的，而对于另一些目标，你是确定无疑还是左右摇摆，似乎都没有多大的差别。

重要的是，虽然实现目标比只做"三件事"稍稍复杂一些，但也不是过于复杂。在本书的第一部分，我会探讨那些关于设定目标的普遍适用的重要原则，无论你的目标是关于工作、人际关系还是自我发展，这些原则都适用。在第二部分，你将了解我们给自己制订的不同种类的目标，要学会在最重要的几种上下功夫。我将告诉你如何选择最适合你个人的目标，你也能学会怎样引导孩子、学生以及职员，帮助他们设立让他们最受益的目标。在第三部分，我将一步一步引领你分析最常见的失败原因，你将学到高效的、通常也是简单易行的策略，以免自己踏入这些陷阱。

过去的 10 ～ 20 年，社会心理学家开始了解目标如何发挥它们的作用。一些学术杂志和指导手册介绍了这方面的相关知识，我从其中摘取了一些，这本书便是我让人们更好地运用这些知识的一次尝试。

第一部分

准备就绪

SUCCEED
How We Can Reach Our Goals

第 1 章

你明白自己去往哪里吗

　　无论你去往哪里，第一步是决定你想去的方向。这听起来似乎太过显而易见了，以至于你想不通我为何要费这句口舌。其实，尽管它极其显而易见，你还是会很惊讶地发现，许多人完全忘记了这一点。没错，你感觉给自己确定了许多目标，但真的如此吗？你是不是想着自己怎样更幸福、更健康或是更成功，却没有真正决定过具体做些什么？你有自己的渴望，想做的事情很多很多，但你把多少个愿望转化成了真正的目标？没能将愿望转化成目标，我们的愿望就仅仅停留在那个"希望能实现"的层面。想象一下，你盼着好好地出门度假，但假如你的计划仅仅停留在"我想去个暖和点的地方"，可能最终哪儿也去不了，不是吗？

　　所以，设定目标很重要。在这一章，我会用一些研究成果来告诉大家其中的原因，但这还不是故事的全部。这是因为，怎样确定目标（也就是你如何构建你的目标）与如何实现目标本身同样重要。

当你用正确的方式聚焦于正确的细节时，成功就离你更近一步了。

别说"做到最好"

告诉别人"做到最好"是一种激励他们的好方法，对不对？我们大部分人无数次说过也听过这句话。它的出发点是好的，"做到最好"本该是一句不会给人造成太大压力的激励口号，它也本该激发人们最好地表现。然而实际并非如此，这句话其实是一种蹩脚的激励方式。

主要是因为"做到最好"这话十分模糊。我到底要做得怎样才算是"最好"？假设你是一名经理，派员工去调查某个很可能带来相当丰厚利润的商机。这需要做大量的工作。这件事本身也非常重要。你对员工说："鲍勃，在这件事上，你要竭尽全力做到最好。"但鲍勃的最好是怎样的？如果看到他的调查结果了，怎么才能知道这就是他做到的最好程度？鲍勃本身又怎么会知道他的"最好"能到什么程度？别人知道吗？

现实的情况是，没有人听到"做到最好"后会这样想："我要精益求精，把这件事做到没有一丁点儿更好的余地为止。"这样很可笑，估计也会花很多时间，对你或鲍勃都没有好处。听到这句话，我们反而会想："我要做到让老板满意并觉得我尽力了为止。"严格说来，这其实并不令人鼓舞。讽刺的是，如果没有确定具体的目标，"做到最好"往往离"最好"相去甚远，它恰恰是让人们表现平庸的"秘诀"。

那用什么来取代"做到最好"呢？答案是：明确而艰巨的目标。埃德温·洛克（Edwin Locke）和加里·莱瑟姆（Gary Latham）

这两位著名的组织心理学家用几十年时间研究了设定明确而艰巨的目标所带来的卓越成效。[1] 在世界各地组织开展的上千例研究中，研究人员发现，明确而有难度的目标比模糊或过于简单的目标更能激发优异的表现，而且两者的差异明显。无论目标是自己树立的，别人确定的，还是和父母、老师、老板或同事一起制订的，无一例外。

为什么明确而艰难的目标比"做到最好"更能激发人们的动力呢？"明确"这部分的意义是显而易见的。让人知道你明确的期望值（或者为自己确定到底想实现些什么），这就排除了设定的标准低于这个标准的可能性，免得让你告诉自己，我做的事情"已经足够好了"。如果奋斗的目标不明确，人们很容易向疲惫、灰心或无聊妥协。但是，如果你设定了明确的目标，你便再也无法欺骗自己了。达成目标还是没有达成目标之间，不存在中间地带。若是还没达成，若是还想成功，便只能继续努力。

那么"艰巨"这部分呢？设定艰巨的目标，难道不是很危险的吗——标准太高，不会带来很多问题吗？难道这不是在"邀请"失望和失败吗？绝对不是！（你看过《为人师表》（*Stand and Deliver*）这部电影吗？片中的埃斯卡兰特先生都能教会那些顽劣的学生微积分，想象一下你能做到什么——只要你敢于尝试！）当然，你不能设定不切实际或者不可能实现的目标。艰巨但可能实现才是关键。因为艰巨的目标会在不知不觉间促使你付出更大努力，更加聚精会神，更加紧盯目标。你会坚持得更久，也能更好地运用最有效的策略。

洛克和莱瑟姆的研究表明，明确而艰巨的目标适用于各类不同的人群，比如科学家、商人、卡车司机、工会工人、伐木工人等。在 20 世纪 70 年代初开展的一项研究中，莱瑟姆发现木材搬运工的平均负重是法定上限的 60%，这对公司来说既浪费时间又浪费资源，而工人对每一趟的负载量并没有一个明确的目标。所以洛克给他们定下了法定重量的 94% 这样一个目标。过了 9 个月后，洛克返回伐木场，发现搬运工人的平均负重已在法定重量的 90% 以上，为公司省下了大把的钱，这些钱放到今天来看，相当于数百万美元。

因此，如果你给搬运工制订搬运更多树木的目标，事实证明，他们就能搬更多木材。人们通常会把事情做到被要求的程度，但很少大幅度超过这个程度。要求某人的绩效优异，只有把究竟多么"优异"具体化，才能真正看到更优异的绩效。给你自己树立高目标，你的表现就会更上一层楼。有人对近 3000 名美国联邦职员进行过一项调查，结果发现，那些认为"我的工作具有挑战性"和"我团队中的同事被寄予较高标准，因而努力工作"的职员，是那些在年终绩效评估中最优异的职员。

这些人是不是活得很悲惨？不是。设定并实现具有挑战性的目标，除了能带来优异的绩效，还有其他好处。回想一下你人生中完成过的某个极具挑战性的任务，把它和另一个比较容易的任务相比，哪个任务让你的自我感觉更好呢？成功地完成艰难的任务使人更加愉悦，因为它能给人带来更大的满足感和愉悦感，提高人们整体的幸福感。而完成一项容易的任务，根本不足挂齿。根据最近在德国开展的一项研究显示，只有那些觉得自己工作富有挑战性的员工，才会报告他们的工作满意度、幸福感以及成就感在长期范围内呈现上升趋势。

你可能想问，究竟是对工作的满意度能激发更好的绩效，还是优异绩效使人对工作更加满意？答案是：两者都对，对工作满意使人们更加投入地为所在机构工作，对自己更有信心，从而给自己设定更多的挑战，这又提升了绩效和满意度，周而复始……设定明确而艰巨的目标便创造了成功和幸福的无限循环。洛克和莱瑟姆称之为**高绩效循环**（high performance cycle）。[2]

你也可以在你自己的生活中开启这样的循环：第一步是设定一

些非常明确且具有合理难度的目标；第二步是用最能激励自己的方式来看待这些目标，这样才能进一步提高成功机会。

大局与细节

你采取的每次行动或者每个目标，我们都能用很多种不同的方式来描述和思考。如果你在使用吸尘器，我们可以将这个举动称为"打扫卫生"或者"从地上吸走碎渣"；如果你想在数学考试中拿到 A 的成绩，我们可以将其解释为"把大部分题目做对"，也可以解释为"熟练掌握代数"；倘若你经常锻炼身体，我们可以将其解释为"减掉10 磅（约 4.5 千克）体重"，或者"变得更苗条"。

如何看待你做的事情

在继续阅读之前，请先回答下面的问题，看一看你如何看待你做的事情。用本子或纸记下你的答案。这些答案并没有对错和好坏之分。请选择那个更能形容你的行为且听上去让你的耳朵更舒服的答案。

1. 列举清单是
   a. 整理头绪
   b. 把事情写下来
2. 打扫房间是
   a. 爱干净的体现
   b. 用吸尘器清理地板

3. 支付房租是

　　a. 保证自己有住所

　　b. 写支票

4. 锁好房门是

　　a. 把钥匙插进锁眼

　　b. 保证房子安全

5. 跟人打招呼是

　　a. 问"你好"

　　b. 表示友好

请把每题的选择用如下分值换算并累加起来，计算出总分：

　　1a=2；2a=2；3a=2；4a=1；5a=1；

　　1b=1；2b=1；3b=1；4b=2；5b=2。[3]

　　如果你的得分达到或超过 6 分，你也许是个习惯用更抽象的方式理解自己行为的人，也就是说，想到某件日常事务时，你更注重"为什么"要做。所以，在家里推着吸尘器打圈圈，是在"保持清洁"，可以看出，希望家里干净是你打扫的原因，你也正是从这个角度去理解这个行为的。如果你的得分为 5 分或 5 分以下，你可能更注重实际，从你正在做的事情"是什么"的角度来理解行为。所以，在家里推着吸尘器打圈圈，是在"用吸尘器清理地板"，这是真正发生着的事，你便如此理解这个行为。

　　两种描述都正确，所以并不是其中一种描述正确，另一种错误。但它们肯定是不同的，而且这里的差异很重要。因为到最后，从抽象的"为什么"和具体的"是什么"的角度来看待你的行为，在激发动机方面各有利弊。在不同情况下，一种思维方式可能比另一种更能有效地帮助人们实现目标。这里的诀窍在于要懂得针对不同情况来调整思维方式，好消息是，这根本不难调整。你只要学会什么时候该想"为什么"，什么时候需要想"是什么"就行了。

让我们从抽象的开始说起，即"为什么"的思考方式。更加抽象的思考行为能让人充满激情，因为你把一件特定的事情（通常是小事）与一种更大的意义或某个更重要的目标联系起来了。这便赋予了一件本不那么重要或不那么有价值的事情新的意义。例如，说到加班 1 个小时，我把它看成是"促进职业发展"而不是理解为"多打 60 分钟的字"，从这种角度来思考，我更有可能踏实而勤奋地工作。你做事情的原因将不可思议地激发你做事的热情，所以不难理解我们大多数人为什么更喜欢用这种方式来看待自己的行为。

如果你想激励别人做某件事情，从"为什么"的角度来描述这件事，还有助于说服他们去尝试。如果你想让你儿子为准备化学考试努力复习，告诉他考出好成绩更有利于将来考上好的大学，往往比告诉他打开课本硬背元素周期表更加有效。不论从哪个角度来解释儿子的复习，他都要了解"H"代表氢元素，但如果你具体地描述他复习化学"是什么"，却很难激发他的学习热情，而给他讲"为什么"，他也许就去做了。

那么，用细节来思考我们所做的事情，从"我在做的事情究竟'是什么'"的角度来思考，有没有帮助呢？当然有。首先，在做一件困难、生疏、复杂的事情或是需要花很长时间学习的事情时，这种思维方式格外有益。如果你从来没有用过吸尘器，"用吸尘器清理地板"（"是什么"）的思考方式就比"打扫卫生"（"为什么"）的思考方式更加有效。

举个例子，心理学家丹·韦格纳（Dan Wegner）和罗宾·华勒切尔（Robin Vallacher）让一些经常喝咖啡的人喝杯咖啡，然后请他们评价，在 30 种对喝咖啡这个行为的描述中，各种描述与他们自己喝咖啡的行为到底有多么相符（我敢打赌，你肯定想象不到对喝咖啡这个行为的描述竟然多达 30 种，反正我是想不到）。两位心理学家提供的选项包括比较抽象的、基于"为什么"的描述，比如"满足我的咖啡因嗜好""让自己精力充沛"；还有那些更为具体的、基于"是什么"的描述，比如"喝一杯饮料"和"吞咽"。

一半的实验参与者用普通的咖啡杯喝，另一半的实验参与者拿着 1 磅重（约合 0.45 千克）的笨重杯子喝。（有些人可能觉得这不算重，所以我应该说明一下，这个实验是在 1983 年做的，那时还没有人喝像氧气瓶那么大的大杯星巴克咖啡呢。那时，半磅的杯子都算很重了。）在选择描述方式的时候，用普通杯子喝咖啡的参与者更倾向于那些抽象的、"为什么"类的描述。换句话说，在正常情况下，经常喝咖啡的人倾向于用"为什么"来解释喝咖啡的行为。[4]

不过，用笨重咖啡杯的参与者明显倾向于具体的描述。他们想的是具体行动，比如"把杯子举到嘴边"。你看，要从重量重得多的咖啡杯里喝到咖啡，而且不让它溢出来，这些参与者需要用具体的动作来理解喝咖啡的行为。他们得把重点放在这个行为"是什么"上（也就是说，握紧杯子的把手，把杯子举到嘴边，再吞咽），而不是"为什么"上。重点关注具体的"是什么"，他们便能顺利地从奇怪而陌生的杯子中喝到咖啡。若他们采用诸如"给自己提神"的"为什么"式的思维方式来描述，那么，"提神"很容易变成"烫伤和弄湿衣服"。

韦格纳和华勒切尔在另一个实验中也发现了同样的研究结

果。在那个实验中，他们让学生分别用双手和筷子吃切里奥斯麦圈（Cheerios）。结果，用筷子的学生倾向于用"把食物放到嘴里"和"移动我的双手"（"是什么"）来描述吃麦圈这个动作，而不是用"减轻饥饿感"或"摄取营养"（"为什么"）来描述。我们一再发现，人们在做有一定难度的事情时，用简单具体的"是什么"方式来思考，比用深远抽象的"为什么"方式思考更加简洁有效。（这一刻，你可能在想，是不是社会心理学家看着别人做一些奇奇怪怪的事，心里就特别有快感，比如用筷子吃麦圈，生吃萝卜，或者观看喜剧男星罗宾·威廉姆斯的视频时忍住不笑？简短的答案是：没错。在学习统计学的时候，所有这些怪诞的事情，占用了我们大部分的时间。）

随着我们做某件事的经验日渐丰富，它变得容易了，我们便开始用更加抽象的"为什么"来看待，也就是说，把重点放在这件事的意义和目的上。例如，在一项实验中，平时不怎么喝酒的未成年人往往用"吞咽"或"拿起杯子"来形容喝某种酒类饮料，而正在戒酒的患者更喜欢把喝酒想成"缓解紧张情绪"或者"让自己不无聊"。一方面，不怎么喝酒的人大概不太了解人们"为什么"喝酒；另一方面，酗酒者恰恰知道太多喝酒的理由。

当人们用"为什么"来思考行为时，总会想得更宏观一些，把那些日常的微小举动看成更重大目标的一部分。他们更容易联系长远的目标。因此，用"为什么"而不是"是什么"想问题的人不太冲动，不太可能受到诱惑，并且更有可能为行动提早做好计划。（好吧，也许当用"为什么"来思考行为的人群是酗酒者时，上面这种说法不太恰当，但是你知道我在说什么。）思考"为什么"会让他们更确定自己是谁，想要什么。对于外界的因素，这些人认为外界因素（比如其他人、运气或者命运）对他们产生影响的可能性也相对较小。

当人们从"是什么"的角度来思考行为时，会把关注点放在细节上，也就是说，紧盯从 A 点到 B 点的机械过程。虽然他们有时斗志不那么高昂，也更容易陷入"只见树木，不见森林"的危险，但他们特别擅长在崎岖的山路上驾车前行。当你需要做的事情格外复杂时，先撇开全局，把关注点聚焦在手上的事儿，是值得做的。

所以说，大局和细节的思考模式各有优劣，最佳策略是根据目标的不同在两种模式中切换。这种切换有时候会自动发生，有时候不会。重要的是确定自己启用了最佳思考模式。如果没有，要赶快切换。要想变得激情满满、让自制力大为提升（或者帮助别人达到这个目的），从"为什么"的角度思考。想一想行为背后更大的意义和目的。当一盘甜点摆在你的面前时，你想坚持自己的节食计划，请记得自己"为什么"减肥；当你下属的员工业绩乏善可陈时，提醒他们"为什么"业绩十分重要——不光为了公司，也为了他们自己。

另一方面，若是追求某个格外复杂、难办或陌生的目标，最好从"是什么"的角度来思考。学习一套新的日常程序时，需要把它分解成几个具体步骤。你第一次滑雪？那么，请注意将膝盖弯曲，并将滑雪板的前端对齐。此刻别想着让谁对你的速度和优雅的姿态刮目相看——这样想，往往最终导致滑雪新手围着大树打圈圈。

完成下面这个练习，有助于你理解如何在自己已经确立的目标上运用这个方法。（注意：在本书中，我将为你提供一些书面练习，帮助你学习如何运用新策略实现目标。你在学习新知识时，将其一步步地记下来，是促使新策略变成习惯的好方法。考虑专门为这本书准备一个笔记本。通过练习，你的大脑终将逐渐学会自动启用新知识，到那时，你就不用费事做笔记了。但现在，做笔记肯定是值得的。）

怎样从"为什么"的角度思考

1. 写下一件你最近由于缺乏动力或者诱惑太多而无法完成的事。不管是什么事都可以，从忍不住订购甜点，到不能按时回复重要的电子邮件，等等。

2. 现在，写下你"为什么"想做这件事。你个人的目的是什么？这样做能帮助你实现什么？你怎样从中受益？

等你下次再试着做这件事时，停下来想一想你刚刚总结的"为什么"。反反复复地这样做，直到它成为习惯为止。（它会成为习惯的。只要反复去做，任何简单的行为，都能变成习惯，做起来易如反掌，只要你肯坚持。）

怎样从"是什么"的角度思考

1. 写出一件你想做却特别复杂、困难或者陌生的事。也许你想创建自己的网站但你不熟悉计算机操作，又或许你想开创一番新的事业。

2. 现在，写下你第一步应当做什么。为了开始追求那个目标，你需要采取的具体行动是什么？

_____

_____

等你下次再尝试做这件事时，停下来想一想你刚刚总结的需要
采取的下一个具体行动，并且聚精会神地做。这很快也会成为
一个习惯。

现在与将来

　　如果你在追求自己的目标时打算在"为什么"和"是什么"
的思维模式之间寻找合适的平衡，了解你自己什么时候可能偏向于
哪一种思维方式，是有益之举。这样一来，你便清楚自己什么时
候会更喜欢某种方式，并做出相应的补偿。就在前几页我说过，当
你熟练掌握了某件事情或者觉得它变得容易了以后，许多人更喜欢
采用"为什么"式的思维。对于某个行动或目标，你是从抽象的
"为什么"的角度来思考，还是从具体的"是什么"的角度来思
考，另一个重要的影响因素是时间，尤其是指从你开始计划到着手
行动的时间。你从明天就开始减肥还是下个月才开始？你打算下周
休假还是明年去？最近的研究显示：一方面，我们偏向于用大而抽
象的概念（强调"为什么"）来考虑较长时间以后会执行的计划；
另一方面，在考虑近期的计划时，我们往往更加具体，也就是更加
专注于做好这件事需要做的"是什么"。

　　心理学家雅各夫·特罗普（Yaacov Trope）和尼拉·利伯曼（Nira

Liberman）曾让一群本科生描述一系列的日常活动，在这次实验中，他们有了上述发现。他们要求其中一组大学生想象近期（比如"明天"）要做的每一件事，要求另一组大学生想象较为遥远的未来（"下个月"）要做的每一件事。两位心理学家发现，想象着明天要"搬家"的学生更倾向于用"是什么"的思维方式，把这件事描述为"装箱、搬箱"（从"是什么"的角度来描述），而想象着下个月"搬家"的学生则更喜欢用基于"为什么"的逻辑，将搬家描述为"开始新的生活"。[5]

　　这些区别对我们怎样做出选择和决定有着重要的含义。它们还会将我们引向不同的麻烦局面。"为什么"式的思维会使你更看重心理学家所谓的**合意度**（desirability）信息。换句话讲，不管怎样，去做这件事或者去追求这个目标，都将导致一些好事情发生。这些好事到底多有趣、多愉悦、多有益呢？当我们考虑在更加遥远的将来做某件事情时，这些都是我们要努力思考的一些基本的问题。几年以后到医学院上学，我还能不能实现成功的职业生涯，赚得可观的财富？半年以后在那场大会上发表演讲，会不会有益于我的事业，让我和一些老友久别重逢？下个圣诞节邀请公公、婆婆来家里住，对我孩子是不是美好的？如果答案是肯定的，那你可能追求这个目标（例如"考上医学院"）或者着手行动（例如"邀请公婆一起过节"）。

　　"是什么"式的思维更加具体，将使你更加重视**可行度**（feasibility）信息，也就是说，你是不是真的能做好你需要做的事情？你有多大的把握取得成功？有些什么障碍会成为你成功路上的"拦路虎"？当我们在考虑近期要做的事时，这些问题是我们花最多时间考虑的。从我现在的成绩来看，我考上医学院的概率有多大？如果我下星期参加那个大会，谁来帮我照看孩子？明天我的亲戚要来我家，到底把他们安排睡在哪儿呢？

你是否想过，不知道为什么，关于将来的计划，总是刚开始时听上去不错，但越是临近那个日子，就越发现不对劲？我们哀叹："我为什么竟会同意做这件事情？""我生物成绩只有 C，我怎么会想去学医呢？""我怎么会以为我家的房子能住得下十几个人？"紧接着，一阵阵恐慌席卷而来，因为当你下定决心当一名医生或者邀请丈夫一家人来家里住时，并没有花时间考虑这件事情是否可行。你只想了"为什么"，没有想过"是什么"。如果说有什么能让你稍感安慰的话，那就是我们大多数人都曾一次又一次地掉进这样的陷阱。由于我们习惯于用"为什么"来考虑将来的事，而没怎么考虑究竟如何实现这些目标，所以选择了有潜在丰厚报酬的目标，但这个目标，对我们的后勤保障来说，无异于一场噩梦。

对于近期要做的事，我们犯着相反的错误。你有多少次拒绝了"一时冲动"地去做一些有意义、有趣味或者有回报的事情的机会，因为它们只是看起来显得太过麻烦？我曾经谢绝了一次免费的印度之旅，因为我觉得，要在几周内做好出国旅行的充分准备，压力太大了。（我需要接种疫苗吗？我能及时拿到更新的护照吗？去印度需不需要办签证？出国这么久，谁来照看我的小狗？）但其实，如果我努力想点办法，这些事估计都能办好。尽管我知道这点，但我到最后还是没去。这个决定一直让我非常后悔，以至于我最终还是去了趟印度，只不过不是免费去的，而且花了我好几千美金（这是我太过于纠结"是什么"的思维方式而带来的损失）。我们很多人难以真正地随心所欲或者抓住眼下无法预测的、不久的将来会出现的机会。我们把关注焦点过于集中在"是什么"，却没有足够集中在"为什么"，也就是说，太纠结于细节，却放弃了可能很有价值的机会（或者，拿我的例子来说，错过了免费去印度旅行的机会）。

利伯曼和特罗普在一系列设计精巧的研究实验中例证了"为什么"和"是什么"间的权衡。在一个实验中，两位心理学家要求特拉维夫大学的学生在两门课堂作业中二选一。其中一门作业无聊但容易（阅读用学生们的母语希伯来文撰写的讲述心理学历史的书籍）；另一门作业有趣而困难（阅读用英文撰写的浪漫爱情故事，学生们虽然可以读懂，但很难）。研究者还对学生们交作业的时间做出了规定：两组学生都只有一周时间进行阅读，可以选择在接下来的一星期内读完（近期内）；也可以选择从第八个星期再开始读，第九个星期读完（较长期）。决定自己近期完成阅读作业的学生几乎全都倾向于简单但无聊的作业，他们愿意牺牲乐趣，以避免麻烦；而决定将阅读作业拖延九个星期的学生，则不假思索地选择了更难却也更有趣的阅读。尽管第二个选择在某种程度上显得更高尚，也一定更合意，但毫无疑问，两个月后，当这些学生不得不经常翻开乏味的英语－希伯来语字典时，他们会对自己当初的选择后悔不迭。由此看来，当我们考虑比较长远的目标时，会看重潜在的回报，看轻实际的问题；当我们思考近段时间的目标时，往往只想着实际的问题，不考虑做这件事的潜在回报（是不是让我们感到愉快）。换句话讲，说到未来，我们像渴望探索新世界的探险家那样来考虑；说到当下，我们更像是凡事都精打细算的会计师。

说到精打细算，类似的偏见也在人们做出涉及金钱的决定时有所体现。不论参与什么样的赌博，你都要考虑两件事：回报和胜算。回报是"合意度"信息，解释"为什么"赌博以及你将获得的潜在报酬。胜算是"可行度"信息，解释实际会发生的"是什么"以及赢钱的概率有多大。在一个实验中，当研究者要求学生在中奖率高但回报低（赢得 4 美元）和中奖率低但回报高（赢得 10 美元）的彩票中做选择时，被安排当天买彩票的学生强烈偏向于前一种选择，而被安排在两个月后买彩票的同学则做出了相反的选择，偏向于后一种。类似的结果也出现在一个对抽奖偏好的实验中。在当天开奖的抽奖活动中，人们偏爱有机会抽中过滤水壶的奖票（这一奖品不受欢迎，因此有很大的概率中奖），但在两个月后开奖的活动里，大多数人偏爱有机会赢得一台新音响的奖票（这一奖励价值高，但中奖率低很多）。在任何涉及风险和回报的情形里（真的，只要认真想想，你会发现，世界上所有的事情都能够包含到这些情形中），尤为重要的是尽可能仔细而客观地衡量两种信息。知道你自己的思维方式怎样受到时间的影响，也就是说，受到你是现在做决定还是留到将来做决定的影响，你便能知道怎样来弥补这种天生的偏见，从而做出可能的最佳决定。

由"为什么"和"是什么"的思维方式导致的差异，并非仅限于我们做出的选择。在另一个实验中，利伯曼和特罗普让参与者提前为一系列与工作相关的活动和休闲活动安排时间，这些活动开始的时间，要么设定为一星期后，要么设定为一年零一星期后。结果，当参与者为近期的活动（一星期后）安排时间时，平均安排了 68 个小时；为时间较远的活动（一年零一星期后）安排时间时，平均安排了 82 个小时。因此，人们往往认为，和现在相比，一年以后的今天，他们可用的时间总体上多出了 14 个小时。不用说，这可能并不符合现实，但它解释了我们大多数人为什么总觉得为各种目标和计划留出了充足的时间，等到真正实施起来，却发现时间不够用。

此外，当实验参与者为下周的活动做计划时，分配给工作的时间与分配给休闲的时间成反比，换句话讲，人们十分理智地认识到，花时间做这件事，便意味着不能把时间花在那件事上。有趣的是，在为未来（一年零一星期后）安排时间的时候，就不是这回事了。实验参与者似乎分开考虑两种活动以及它们所需的时间，而不是意识到自己必须在两者之间进行取舍。

说到你的目标时，从它"是什么"的角度来思考，不仅能让你更好地安排时间，还能防止拖延。在一项实验里，利伯曼、特罗普、肖恩·麦克雷（Sean McCrea）和史蒂文·谢尔曼（Steven Sherman）邀请一些本科生完成一份简短的调查问卷，并在三个星期内用电子邮件寄给实验人员，以便赢得奖金。[6] 在收到调查问卷前，每位参与者都要完成一项任务，该任务的目的是将他们划分到"为什么"思维模式小组中，或划分到"是什么"思维模式小组中。为了构建"为什么"式的思维，研究者要求学生列举 10 件事情，比如"开立账户"或"写日记"，并且为自己可能做这些事情提出自己的理由；为了构建"是什么"式的思维，研究者要求学生写下如何去做这同样的 10 件事情。接着，研究者记录了学生们用了多长时间来达成他们的目标（也就是完成并寄回调查问卷）。值得注意的是，采用"是什么"思考方式的学生，比采用"为什么"思考方式的学生平均早了近 10 天寄回调查问卷。（在这个实验的另一个版本中，这个差距接近 14 天。）所以，用"是什么"的方式思考目标，能让你更加专注于你需要采取的具体行动，使你能更快地达成目标。而过于注重"为什么"做某件事情，可能导致人们的行动比较拖拉。

人们经常问心理学家类似这样的问题："假设有 A 和 B 两件事情同时摆在我面前，我是做 A 更好，还是做 B 更好？"例如，是发泄出自己的情绪更好，还是做点别的事情，把注意力从烦心事上转移出去更好？是把注意力放在犯下的错误上更好，还是让过去的事情随风而去更好？面对这些问题，我们常常被迫回答："嗯，这得看情况。"所以，如果你问我，是着眼大局更好，还是着眼细节更好，你便在逼我毫无选择地说出"看情况"这个回答。具体来讲，就是取决于你努力要实现的目标。对目标采用"为什么"式的着眼大局的思维，有助于你增强动力使你备受鼓舞、专注于你能得到的回报，并提升自制力与毅力。而"是什么"的着眼细节的思维，在你着手做困难或陌生的事情时最有帮助，使你专注于操作性细节，从而完成任务，并且帮助你防止拖延。更重大的成就，并不只是采用某种固定的思维方式就能实现的，而是需要你确定自己怎样为排除特定的困难而选择相应的思考方式（或者知道如何为帮助别人战胜困难而探讨某个目标）。

积极思考的利与弊

　　当你为自己设立目标或者正在致力于实现目标时，你也许已经非常清楚"积极思考"的重要性了。相信自己，相信自己能实现这个目标，你就能成功。市面上专门阐述这个简单观点的励志类书籍，已经多到汗牛充栋的地步，我们能轻而易举地用这些书把一个普通大小的书架塞满。而这也是科研心理学家颇感兴趣的课题。

　　看来这个世界喜欢乐观的人，好消息是：我们大多数人生性乐观。在对乐观信念的研究中，心理学家常常发现，大多数人觉得，和与自己同等地位的人相比，一些好事情更有可能在我们身上发生，比如事业成功、拥有房产、赚很多钱、活过90岁。我们觉得自己婚姻破裂、犯心脏病、酗酒成性、买到有质量问题的新车等的可能性较小。一般来讲，这是好事。但是，之所以只是"一般来讲"，是因为还存在一些重要的局限性。你得在积极思考的时候做到小心谨慎，并且确保这种思考指向的是正确的方向。

其实，我们会以多种方式来积极地思考未来。假设你确定了减肥的目标。对于这个目标，至少有两种"积极思考"的方式。

> 1. 你可以对自己说："我有能力减肥，并且有信心能达到目标！"换句话说，你可以积极地思考成功的概率。
> 2. 你可以对自己说："我会轻松地抵抗甜甜圈和薯片的诱惑，并且会严格地遵守新的运动计划！"换句话讲，你可以积极地思考我能轻松克服困难，以追求成功。

大部分的励志书籍探讨了积极思考对于实现目标的重要性，但都把这两种积极思考的方式混为一谈了。它们让你相信自己终将胜利，并相信你能轻松地取得胜利。不幸的是，这种混淆大错特错。其原因在于，前一种积极思考的方式使人受益，而后一种则要完全禁止，并且是失败的根源。让我们先从第一种积极思考的方式开始探讨，即积极地思考你成功的概率。在研究动机时提出的理论之中，人们最为广泛了解并接受的理论也许当属**期望值理论**（expectancy value theory）。这种理论总的来说讲述了人们会因为下列两个因素的激励而做任何事：（1）是他们有多大的可能成功（这是期望的部分）；（2）是他们认为自己从中能收获多大利益（这是价值的部分）。当然，你获得的激励越强，就越可能达到目标。所以，这并不是"流行心理学"那套自我感觉良好的无稽之谈。相信你能成功，真的会使你更有可能成功。（这条法则有一个重要的例外情况，我将在第 4 章描述那一类特定的目标。但对于大多数的目标，都是这种情况，所以，我目前先从简单的说起。）

　　尽管关于这一主题的心理学研究的例子数不胜数，但我最喜欢的例子，出现在《纽约时报》的《健康与保健》专栏记者塔拉·帕克 - 波普（Tara Parker-Pope）对运动习惯的最新研究之中。这份研究报告发表在《行为医学年报》（*Annals of Behavioral Medicine*）上，研究了家庭运动器械的使用习惯。[7] 太多的成年人在他们一生中的某个阶段都曾自欺欺人地认为，如果家里有一台跑步机或健身脚踏车，那锻炼起来就很方便，因而自己会时时刻刻坚持锻炼。有过这种想法的人实在是太多了，多到我们很难找出没有产生过这种想法的人。（我买的是踏步机。我丈夫直到如今还在为这事怪我。不过，他买回家的那套杠铃也经常将我绊倒。我觉得，他若不把杠铃扔出家门，我就真的不用理会他的唠叨。）那么，究竟是些什么样的人会真正使用家庭健身器械，而不是把它们当成摆设，在家里沾满灰尘呢？事实证明，那些相信自己确实能做到的人比怀疑自己做不到的人，更有可能在一年后依然坚持使用健身器械。（但我真的得承认，即使在我买下那台踏步机的时候，我的内心深处就没觉得自己将来能坚持用它。我真心觉得自己并没有很大的成功概率。实际上，我讨厌踏步机。）

　　既然相信自己能成功是件好事，那么，想象自己能轻而易举地成功，并且抗拒诱惑和克服障碍，也一定是件好事（这是第二种积极思考的方式）。根据我们的直觉，这仿佛有些道理，但实际上却大错特错。心理学家加布里埃尔·厄廷根（Gabriele Oettingen）广泛研究了"相信自己能成功"与"相信自己能轻而易举成功"这两种不同信念对动机产生的不同影响，并屡屡发现，这两种信念对成功有着迥然不同的影响。[8] 例如，在一项研究中，一些肥胖的女性参加了一个综合减肥计划。计划刚开始执行，厄廷根让这些女性告诉她，她们对成功减肥抱有怎样的期望。鉴于你刚刚读过我前面阐述的关于积极思考的内容，听到下面这个结果，你一定不会感到惊讶：相信自己终将成功减肥的女性比相信自己定会减肥失败的女性平均多减掉 26 磅（约合 11.8 千克）体重。

厄廷根还调查了参与实验的女性对减肥过程的想象，也就是说，看看在她们的想象中，减肥计划会是怎样执行的。比如，厄廷根问大家，若是看到公司餐厅里摆放着剩下的半盒甜甜圈，是不是能够轻松地抗拒这一诱惑。结果，那些认为减肥是件很轻松的事情的人，比认为减肥道路十分艰难的人，平均少减掉 24 磅体重（约合 10.9 千克）。厄廷根和她的同事们在各种情形中都找到这一相同规律，包括谋求高薪工作的应届毕业生，寻找终身伴侣的单身男女，还有刚刚接受髋关节置换手术、正在康复的老人们。我们可以发现，不论是谁、试图做什么，成功人士不但有信心获得成功，而且同样相信成功之路不会一帆风顺。

为什么相信成功道路充满艰险对实现目标那么重要呢？首先，尽管焦虑和担心这样的负面情绪让人不愉快，但它们也有其用途，主要是能带给人们很强的动力，激励我们在问题出现之前多花一些时间和精力去避免它。心理学家丹·吉尔伯特（Dan Gilbert）在他的《撞上快乐》（*Stumbling on Happiness*，亦有《撞上幸福》《哈佛幸福课》等多种译法）一书中评价道："我们有时候想象黑暗的未来，只为了把我们自己吓得要命。"[9]我们这样做，是因为它值得。

厄廷根的研究显示，相信追求目标是一个艰巨过程的人会做更多的准备、付出更大的努力，并且为实现目标采取更多的行动。他们预料到要努力奋斗，也真正地奋力一搏。相反，那些相信找工作很容易的毕业生，寄出去的求职申请也少一些；那些想象自己会闪电般地、无可救药地和暗恋对象坠入情网的人，在现实中不大可能和自己的暗恋对象谈论感情；认为即将到来的考试好比小菜一碟的学生，明显不怎么复习；设想自己能轻松适应新换的髋关节的患者，不会很认真地做康复锻炼。到最后，那些觉得轻而易举便能实现目标的人，根本就没有做好充分的准备去迎接未来的挑战，而当他们心中的美好梦想最终破灭时，他们可能感到悲痛欲绝。

那么，树立并实现目标，而不是陷入白日梦中不能自拔，最好的方法是什么呢？最好的方法是在设定目标时积极地思考你已经实现目标时的情景，同时切合实际地思考在实现目标的过程中需要做些什么。厄廷根把它叫作**心理对照**（mental contrasting），意思是说，你首先设想你已经达到了自己的目标，然后再周全地思考妨碍目标实现的障碍。如果你大学毕业后想找份报酬丰厚的工作，首先设想自己被一家顶级公司录用的情景，然后再考虑你在实现此目标时会存在什么障碍，比如，和你一样申请了该职位的其他优秀的应聘者，他们是你的竞争对手。这种思维将使你不得不寄出很多份求职申请，不是吗？心理学家将其称为"必须行动"的感觉，这是实现目标所需的至关重要的心理状态。尽管幻想找到一份好工作或者与心仪已久的某个人坠入爱河也许是一件有趣的事，但幻想无法让你取得任何实质进展。心理对照可以引导我们把关注点放在必要的行动上，从而将愿望和白日梦转化为现实。

值得指出的是，只有当你全心全意去实现某个你确实相信自己能够实现的目标时，心理对照才能对你有所帮助。（在这里，我们再一次看到相信自己能成功有多么重要。）如果你不相信自己能成功，心理对照会让你脱离那个目标。从本质上讲，它能使你抛开无法实现的幻想，而这实际上也是运用这种方法的另一个好处。考虑你想要什么以及什么在妨碍你，可以使你思路清晰地做出好的决策，也就是说，当成功的概率较高时，你会增强实现目标的决心，使你更有可能实现它。当成功的概率不怎么高时，有助于你认清局势、放下包袱继续前行。

抛却幻想可能令人痛苦和失望，但为了你的身心着想，这也是至关重要和十分必要的。只有意识到某些目标无法实现，我们才能为可实现的理想腾出空间。例如，我们只有在承认一段出了问题和令人痛苦的关系无法补救后，才能最终结束这段关系，释放自己，使自己有可能与另一个人建立起更加健康和幸福的关系。当你发现攻读医学院学位确实是个无法实现的梦想后，你才能放下这个梦想，退一步思考自己最适合从事什么行当。

现在，回到你认为可以实现的目标。厄廷根和她的同事们（这次我也是其中之一）在无数的研究中发现，那些认为自己能成功的人在运用心理对照策略时，通常比那些同样自信却一心幻想美好结局的人表现得更好。在一些研究对象各不相同的研究中，比如12岁的孩子学习外语，15岁的学生在暑假备考，成年人努力寻找伴侣，护士设法与患者加强交流等，研究人员发现，心理对照让他们付出更大的努力、迸发更多的能量、更好地做好事前计划，并且实现目标的比例总体上更高。[10]

在一个研究心理对照效果的实验中，医院人力资源管理人员经过两周的培训与实践后反映说，他们在工作中的时间管理得到了改善，做决定也更容易。他们甚至说自己完成了更多的项目任务。有趣的是，和没有经过训练的小组成员相比，这一组的成员重新分配了更多项目给其他管理人员。换句话讲，他们更加清楚地理解哪些项目自己能够成功管理，哪些项目则更合适让别的人管理。他们的行为更趋理性、更有效率，因而工作起来快乐得多。那么，效率和快乐从何而来呢？你得花点时间学习一个非常简单的方法，它对你正在致力追求的或是仅仅是想要追求的任何目标都有帮助。

运用"心理对照"确定目标

1. 拿起笔记本或者一张纸，写下你最近产生的愿望或想法。这可以是一件你想要做或是已经开始做的事情（例如去加勒比海度假、搬到洛杉矶去当一名编剧，或者减掉四五千克体重）。

2. 现在，想象一下愿望实现时的美好结局。写下这个美好结局一个方面的好处（比如你可以不去查收电子邮件，惬意地躺在沙滩上放松身心，该是多么的美好）。

3. 接下来，想一想你现在的状况与这个美好结局之间还存在些什么障碍（比如，我现在有些胖，而我的美好结局是减掉四五千克体重，这两者之间的障碍是我格外喜欢吃奶酪）。

4. 现在再列出另一个方面的好处。

5. 接着列出另一个障碍。

6. 然后再列出一个方面的好处。

_____

_____

7. 再列举一个障碍。

_____

_____

现在，你觉得你取得成功的概率有多大？你应该追求这个目标吗？通过将你一定会获得的好处与妨碍你实现目标的障碍进行一番对比，你就能更清楚地知道自己成功的把握有多大，也知道自己有多大的决心去实现这个目标。

本章，我们探讨了设定明确而艰巨的目标对提升动机的重要性。我们观察了我们如何对自己和别人描述这些目标，以及不同的描述方式会怎样对成功概率产生不同影响。我们了解了引导并充分利用对目标的积极思考（以及切合实际的思考）能够怎样使我们受益。对你们中的有些人来讲，即便现在立马放下手头这本书，也比你们刚开始的时候离目标更近了。

但现在不要停下来，而是翻到下一章，我们将在那里探讨你在自己的生活中正追求的目标。这些目标从何而来？为什么你选择了它们，而不是选择其他同样具有吸引力的目标？这些问题的答案，也许让你大感吃惊。如果你想更明智地选择目标，让自己活得更快乐、更有成就感，那么，你得了解自己一直以来把什么事情做好了，而什么事情需要有所改变。

要点回顾

在本书中，我会在每章的结尾处简要回顾这一章中我希望你掌握的要点。这样一来，你可以一目了然地看到你在自己的生活中可以采用哪些方法来提高实现目标的能力。我会在这些小结中列举许多步骤，希望对你有所帮助。

◆ **设定明确的目标。**在确定目标时，尽可能做到明确。"减肥两千克"这个目标比"减肥"这个目标更好，因为它让你清楚知道成功实现目标后是什么样子。知道你究竟要做到什么，能使你自始至终保持动力、受到激励。别把"做到最好"当成你的目标，这太模糊了，起不到真正的激励作用。

◆ **设定困难的目标。**在切实可行的基础上把目标设立得难一点，同样也很重要。挑战自己，把标准定高一点，因为挑战能够真正激发斗志，但也要避免几乎不可能的任务。记住，如果把标准定得太低，尽管你可以达到目标，但不可能超越自己，因为大多数人往往在达到最初目标后就开始松懈了。没有人会在将减肥目标设定为两三千克的情况下最终减肥八九千克。

◆ **从"为什么"或"是什么"的角度思考目标。**我们可以比较抽象地考虑目标，也就是从"我为什么做这件事"的角度来思考，或者，也可以比较具体地考虑目标，也就是从"这件事情究竟是什么"的角度来思考。例如，清理凌乱不堪的衣柜，可以理解为"让衣柜更整洁"（为什么）或者"扔掉从没穿过的衣服"（是什么）。当你希望自己活力四射、热情满满或者避开诱惑时，请用"为什么"的方式思考。当你在做一件困难、陌生或者要耗费很长时间来学习的事情时，请用"是什么"的方式思考。

◆ **考虑价值和可行性。** 记住，一方面，我们在考虑较为长远的目标时，往往更多地从"为什么"的角度来思考。这使得我们过于看重目标令人渴望的或者宝贵的部分（比如，"去迪士尼乐园，该有多好玩"），而过于看轻可行性（比如，"我怎么付得起这趟旅行的钱"）。另一方面，我们又自然而然地从"是什么"的角度来考虑近期目标，这使得我们太注重实际经历，却没能重视生活带给我们的美好体验。最好的目标往往是在人们不偏不倚地权衡"合意度"和"可行度"之后采用的目标。

◆ **积极思考但不要低估困难。** 在确定目标时，尽可能积极地想象你有多大的可能实现目标。相信自己定能成功，对激发和保持动力帮助极大。但是，无论做什么，千万不要低估实现目标的难度。大多数值得为之奋斗的目标，都需要时间、准备、努力和毅力来实现。若是把事情想象为能够轻而易举、毫不费力地做好，只会让你在将来的旅程中措手不及、准备不足，并因此导致失败。

◆ **运用心理对照法设定目标。** 在设定新的目标时，一定要既想象成功的情景，又考虑到妨碍你成功的障碍。这个心理对照的过程不但有助于你更好地决定是否采用某个目标，还能自然而然地调动你的动机，使你以最大的决心去实现你想要实现的目标。

第 2 章

你知道目标来自哪里吗

　　并非所有目标都"生而平等"。即使是似乎朝着同一个方向努力的两个人，比如都希望自己事业有成，往往也胸怀截然不同的目标。这是因为，事业上的成功可能与很多因素有关，因人而异。例如，这种成功也许与安全感的获得，或者被人认可，或者个人荣誉，又或者个人成长有关，仅仅列举这几种可能性。有些目标似乎可以持续不断地提升人们的幸福感，但另一些目标，即使能带来改变，也可能只是昙花一现。在应对巨大的困难或者面临真正的挑战时，有的目标可以自然而然地引领人们坚持不懈地奋斗，而有的目标常常致使人们无助与沮丧。

　　成功不是仅仅关于如何实现目标，至少同样重要的是追求那种能够帮助你充分发挥潜力并真正享受奋斗过程的目标。在接下来的几章中，我将告诉你目标为什么不同，有哪些不同，哪种目标最适合你，以及如何帮助自己改变目标（或者改变别人的目标），但首先我们需要理解，你已经确定的目标来自于哪里。理解了这些，对你将会有所帮助。知道你为什么选择了你之前已经确定的目标，能够使你诚实而客观地重新评估它们，并让你从现在开始可以自由地做出不同的选择。

了解到信念对已设立的目标有着极大的影响时，你应该不会感到惊奇。例如，只有你相信自己能够提高自己的数学技能，你才会下决心去提高，否则，你没有道理去做这样的尝试。我们的信念决定了我们是把目标看成可实现的，还是看成纯属浪费时间与精力。因此，我将重点分析人们秉持的几种常见的、对目标产生重大影响的信念。你将会看到这些信念如何影响着你过去曾做出的选择。坦率地讲，你会发现，自己曾经认为站得住脚的一些信念，其实完全是错误的。

而当你了解到环境是影响目标的另一个重要因素时，你也许会感到惊讶，而这种影响，几乎总在你的无意识中发生。换句话讲，在你一整天的生活之中，你主动追求的目标，也许你自己都不曾意识到，它们被你身边的各种信号和提示（包括他人的举动）所触发。理解这些信号和提示是怎样影响你的，你便能认识并控制它们的影响。同样重要的是，你还能学着运用这些信号和提示来帮助你的员工、学生或孩子构建目标。

信念如何塑造成功

你对自身优势与劣势的信念，很大程度上决定着你为自己确定的目标。如果我相信自己的数学和科学课程学得不错，那么，确定将来当一名工程师的目标，对我来说是有道理的。如果我认为自已动作不协调、行动迟缓，那么，试图加入大学篮球队，可能没有太多的道理。我们对自身能力的信念影响着我们对可能发生的事情的认知，并且还影响着我们能够创造的成就。

有趣的是，重要的不仅是你觉不觉得自己已经拥有了某种能力。实际上，最重要的似乎是你是否认为自己可以获得这个能力。换句话讲，你认为某种智力（或者个性，或者运动技能）是固定的还是可塑的？某个人的聪明程度到底是固定不变的，还是能够改变的？心理学家把这些信念称作**内隐理论**（implicit theories）[⊖]，也就是关于智力（个性、道德观，或者其他的特质和素质）的个人信念。这些信念之所以被称作"内隐"，是因为它们不一定被你刻意或者谨慎思考过。但是，尽管我们可能没有意识到这些信念的存在，它们依然是我们日常生活中各种选择的强有力的塑造者。

让我们从关于智力的内隐理论开始说起吧。花一些时间在笔记本上完成下面的练习。

智力究竟是什么

用几分钟时间来回答下面的问题。努力做到完全诚实。（我知道它们有一点点重复之嫌，但请忍耐一下。）

1. 你的智力水平是确定的，你真的不可能大幅度提升它。

1	2	3	4	5	6
强烈不赞同					强烈赞同

⊖　智力内隐理论是普通公众对智力的看法或观点，将智力看作人们的一种共识，而不是一种客观的标准，也就是说，人们通常对智力或者有智慧的人的特征达成某种共识。——译者注

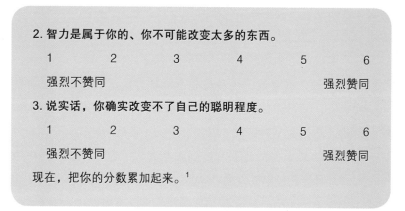

2. 智力是属于你的、你不可能改变太多的东西。

1	2	3	4	5	6

强烈不赞同 　　　　　　　　　　　　　　　　　　　强烈赞同

3. 说实话，你确实改变不了自己的聪明程度。

1	2	3	4	5	6

强烈不赞同 　　　　　　　　　　　　　　　　　　　强烈赞同

现在，把你的分数累加起来。[1]

　　是什么让人聪明？如果你相信智力是或多或少与生俱来的、很大程度上是遗传的，或者是在儿童时期培育起来，但成年以后基本保持固定不变的，那么，谈到智力，你是一个实体论者。（假如你在回答上面的问题时得分为 10 分或 10 分以上，那这就是你信奉的理论。）总之，智力的"实体"理论认为，每个人的智力都是一定的，任何人做任何事都不能改变一个人的智力水平（换句话讲，智力是一个不变的实体）。你要么聪明，要么不聪明。

　　另一方面，如果你相信智力是一种能够借助经验和学习来提升的品质，通过努力，你能够获得更多的智力，那么，谈到智力，你是一个渐变论者。（如果你在回答上面的问题时得分低于 9 分，那这就是你信奉的理论。）智力的"渐变"理论认为，智力是一种可塑的品质，也就是说，人们在自己一生中的任何时刻，都可以变得更聪明。

　　有时候，内隐理论还可能变得更加具体，聚焦于某种单一的特质或禀赋。例如，大多数美国人相信数学能力更多的是固定不变的实体，你要么擅长，要么不擅长。但只要一说到整体的智力，人们的观点似乎从中间一分为二，几乎所有人或站在实体论阵营，或站在渐变论阵营。和大部分人一样，你在回答上面的三个问题之前，甚至可能没有想过自己究竟站在哪个阵营。不论哪种理论听起来适合你，即使你以前不曾有意识地思考过它，也几乎可以肯定，它已经以极其重要的方式塑造了你自己选择的人生和生活目标。

斯坦福大学心理学家卡罗尔·德韦克的实验室为辨别和理解内隐理论做了大量工作。我们对自己能够（或者不能）提升和发展自己的信念，塑造了我们人生的方方面面，德韦克在她的书作《终身成长》（*Mindset*）中详细阐述了这种信念在塑造人生方面的诸多方式。她和她的学生们在大量研究中发现，认为智力等个人特质固定不变的人，会过于担心自己能不能获得别人的认可。只要有可能，他们希望别人确信他们聪明（或者，最起码不愚蠢）。[2]他们想让自己给人感觉很聪明。他们想让自己看上去充满智慧。如果你静下心来想一想，这也是情理之中的。

如果我只是拥有一定程度的智力，那么，若我能拥有很多，对我来说确实极为重要，因为我事实上再也无法从其他地方获得更多智慧了。记住，让自己变得聪明，不仅仅是一种自豪感或者自我满足那么简单——你希望自己有很强的能力，能够成为一名成功人士，得到人生中想要的东西。因此，如果在说到智力时你是一位实体论者，你的首要目标变成了向自己和别人证明你的确非常聪明，只要一有机会，你就想证明。

不足为奇的是，实体论者做出的选择和设立的目标，只为了证实他们的智力。一般来讲，他们会避开那些过于艰难的目标，喜欢在更安全的赌局上下注。关于这一点，我可以从我个人的经历来谈谈，因为在我攻读硕士之前，几乎可以说是一名铁杆的实体论者。和许多人一样，我觉得某个人十分擅长学习某些特定的学科，是因为她有那方面的聪明的基因。此外，和大部分美国人一样，我相信心理学家所称的**逆努力法则**（inverse effort rule），也就是说，如果你不得不很努力地去做某件事情，那就表明你其实不擅长它。努力弥补了能力的不足，正所谓"勤能补拙"。因此，只要可能，我会选修一些对我来说容易的科目，也就是一些能让我显得聪明、让人感觉我有智慧的科目。

我 12 岁那年，央求父母给我买了架钢琴，并且上了大约一年的钢琴培训班。后来我意识到，即使我只想当一名中等水平的、还算像样的钢琴家，也得付出真正艰辛的努力来训练，于是我放弃了。对这个决定，我总是很后悔。你看由于我的半途而废，我再也感受不到弹钢琴可能带给我的愉悦和满足了，尽管我一直弹得不是特别好。实体论者时时刻刻都在用这种方式欺骗自己，他们集中了太多精力来证明自己，却放弃了有可能使人生经历变得更加丰富的体验。

渐变论者往往不会犯这种错误。当你认定自己的能力（不论是什么能力）可以随着时间的推移而增强和提升时，便不会太过执拗地证明你很聪明，而是努力培育自己的智慧。挑战对你来说不是威胁，而是学习新技能的机会。犯错并不代表你很愚蠢，相反，你会觉得错误本身充满了有助于你学习和成长的东西。我常常对我母亲在成年后还能学会许多技能而备感惊奇，那些技能，她在长大成人的过程中几乎没有接触过，也没有受过正式的训练。母亲自己学会了炭笔素描，绘制被子上精心设计且错综复杂的图案，设计和制作自己的衣裳，并且通过自学，差不多成为一名园艺专家。她还修整家具，在自家房子周围砌了一道石头墙，砌墙的石头是她亲手从房子周围挖来的。我长大以后，记不起她做过那些事情，哪怕是其中的任何一件。并不是说我母亲似乎从没犯过错。她确实犯过，特别是当她学着做一些完全陌生的事情的时候。她刚开始学着缝制被子时，目标定得过于宏大，针脚也不完美。她种植的一些植物，有的也没能长成。有时候，她砌的部分石头墙还坍塌了。不过，即使母亲发现这些经历让她很失败，但她从失败中学习，并且坚信自己"最终会掌握窍门"。这是因为，说到画画、缝制、园艺、养育儿女、砌石头墙等，我母亲是一位渐变论者。

为了寻找证据来证明内隐理论确实能够塑造我们的选择，德韦克请一些初中生和大学生描绘他们在课堂里追求的目标。结果发现，认为自己的智力固定不变的学生，赞同"尽管我讨厌承认，但在课堂上，我宁愿自己表现很好，也不愿意自己学到很多东西"以及"如果我知道自己无法漂亮地完成某件任务，即使能从中学到许多，也可能不会去完成"之类的表述。认为自己的智力是可以增长的学生，赞同"对我来说，在课堂上学到新知识比拿到最高分重要得多"之类的表述。

在另一项以大学生为对象的研究中（这次以香港大学学生为研究对象），德韦克和她的同事发现，这些信念可以影响人们现实生活中的一些重要决定。在香港大学，虽然有的学生刚考上时并不能熟练运用英语，但所有课程都完全用英语来教。因此，德韦克问这些英语不太熟练的学生有没有兴趣参加一种补救式的英语能力培训，以提高自己的英语水平。结果，只有认为自己可以变得更聪明的学生（也就是渐变论者）才对这类培训有兴趣——73% 的这些学生愿意参加培训。认为自己的智力固定不变的学生（也就是实体论者）则不愿参加培训——只有 13% 的这些学生表达了参加培训的意愿。他们中的大多数人相信，补救式的培训课程，实际上对英语水平的提高没有帮助。同样重要的是，他们还认为，参加补救式的培训，可能暴露了他们英语水平不高的事实。[3]

确实是江山易改、本性难移吗

内隐理论不仅仅关于智力，实际上可能与人世间的所有事情有关。你可能相信个性是固定不变的，相信你就是这样了，你不可能让守旧的人接受新事物；或者，也可能你相信个性是可塑的，相信自己可以改变、完善个性，开始新的生活。即使是你的孩子，也会受这些信念引领，特别是谈到个性和素质时。例如，德韦克和她的同事在一大群 10 ～ 12 岁的男孩和女孩中做实验，问他们一系列关于"友谊目标"的问题。那些认为自身个性和素质无法改变的孩子，比他们的同伴更加看重受欢迎程度和避免被拒绝。情人节时，这些孩子会为心目中最受欢迎的小孩子送情人节礼物，期待博得他们的"芳心"。一方面，那些看重自己不被拒绝的孩子，只把礼物送给他们确定会回送礼物的小孩子。另一方面，那些认为自己能够不断改善人际关系和成长的孩子，往往选择更加注重人际关系提升的目标。他们把情人节小礼物送给自己更想了解的小孩子，以打开友谊之门。[4]

在课堂之外，我们也发现了同样的规律，甚至说到择偶也不例外。那些相信个性很大程度上固定不变的人告诉我们，他们希望自己寻找的对象觉得他们形象"完美"，并且希望能让对方对自己产生良好感觉。他们选择那些觉得"很幸运和我在一起"的伴侣。当两人之间的关系存在太多的争执或指责时，他们会很快结束这段关系。那些认为个性可以改变的人似乎更喜欢自己的伴侣提出质疑，以帮助自己发展和成长，同时，他们也更有可能将两人关系中的"艰难时刻"看作了解对方和自己的机会。

心理学家珍妮弗·比尔（Jennifer Beer）通过实验表明，害羞的人竟然对他们自己的害羞形成了不同的理论，这些理论影响着他们与外界的社交。[5] 在一项实验中，比尔让害羞的人和两个人相遇，然后让害羞的人在这两人之间选择一个人进行交谈，并且告诉他们，整个过程会被录像。害羞的人做出的一种选择是和一个非常善于交际且风度翩翩的人交谈。害羞的人可以从善于交际的人身上学到一些宝贵的社交技能。但是，比尔告诉害羞的人，这个选择也有它不好的一面，那便是：和风度翩翩的社交能手相比，他们在录像中会显得尴尬而笨拙。害羞的人也可以选择和比自己更加害羞、社交能力甚至更差的人交流，这样一来，他们从交流中学不到任何东西，不过，起码在录像中不会表现太差。

那些认为"只要我想改变的话，我就能改变害羞的某些方面"的人（也就是相信性格特点具有可塑性的人）强烈偏爱学习的机会，即使那会使他们看起来很傻。相反，那些认为"害羞是我无法改变多少的特质"的人（也就是相信害羞这个性格特点是难移的本性的人）则更加偏爱相比之下自己表现较好的机会。当我们相信自己在某些方面无法改变时，我们便会追求那些仅仅着眼于将自己最好的一面呈现给别人的目标。讽刺的是，这些目标常常阻止我们改变，让我们无法学习和成长。

我们如何摆脱困境

你是否经常发现自己在逃避困难、谨小慎微，固守那些你知道容易达到的目标？有没有一些事情是你很久以前就认定自己永远也不擅长的？有没有一些技能是你认定自己永远也掌握不了的？如果这样的事情和技能有很多，你毫无疑问是个实体论者，而且，你相信自己就跟你现在一样"停滞"不前，这种信念可能很大程度上以超出你想象的方式决定着你今后的人生轨迹。假如实体理论正确，就算这样也行。但是它并不正确，而且彻底错误。

让我们重点关注智力的例子（尽管你也可以围绕个性特点进行同样的论证）。我并不是试图暗示我们的基因对我们自己有多聪明完全没有影响。确实，聪明的父母常常生出聪明的孩子。但正如心理学家理查德·尼斯比特（Richard Nisbett）在他的优秀著作《开启智慧：其实你我都可以更聪明》（*Intelligence and How to Get It*）之中指出的那样，聪明的家长遗传给孩子的，绝不是一堆染色体那么简单。他们在家里营造良好的氛围，让孩子有更多的学习机会，并且更多地与孩子交流。他们常常挣更多的钱，因而可以更好地给孩子提供教育机会并把孩子送到更好的学区。聪明的父母给孩子提供的开发智力的机会，比其他家长所提供的要多得多。[6]

如果你不相信我，只需看一看那些来自教育落后地区的弱势儿童在被给予了同样的机会时发生了什么。他们变得更聪明。举个例子，让我们看看知识就是力量项目（Knowledge Is Power Program，KIPP）[⊖]特许学校的情况。和许多 KIPP 学校一样，纽约南布朗克斯区的 KIPP 学校主要招收贫困和少数族裔学生，很多学生在家里几乎得不到家长的辅导、支持和教育鼓励。KIPP 则为学生们提供了浓厚的教育氛围，也明确指出了遵守纪律和勤奋刻苦的重要性。这些学生早晨 7:30 到校，下午 5:00 放学，周六和暑假也

⊖ KIPP 是一个影响了全美 16 个州以及哥伦比亚特区的特许学校集团，成立于 1994 年。KIPP 学校的生源总体基础很差，但成绩提高幅度远高于当地的其他学校。——译者注

要学习。老师会进行家访，并且坚决要求学生无论何时都做到尊敬他人和礼貌待人，同时，老师们的电话 24 小时保持畅通，以便学生能随时找到他们。学生们投入了额外的时间来学习，而老师则为穷困学生提供了他们在家中往往不幸缺乏的关爱和支持。

这些额外投入的学习时间以及老师给予的关怀与支持，取得了怎样的效果呢？十分显著。在 KIPP 学校中，超过 80% 的学生的数学和阅读水平达到或超过了同年级的同学，是纽约市普通学校学生的两倍。根据 KIPP 提供的数据显示，在阅读和数学考试中，这些学校的八年级毕业生的成绩胜过美国全国范围内 74% 的毕业生。这是个了不起的成就，因为这些学生刚入学时的水平只超过全美约 28% 的学生。在获得机会后，KIPP 的学生真真切切地变聪明了。

卡罗尔·德韦克用另一个例子来证明学生在适当的环境里能够变得更聪明。在这个例子中，所谓适当的环境，是指德韦克明确地告诉学生们，智力是可以通过经验和学习来提高的。也就是说，让学生们身处一种信奉渐变论的环境之中。德韦克把纽约的几所公立学校的七年级学生分成两组：一个是对照组，另一个是信奉"你能变得更聪明"理论的干预组。学生们每周和研究团队的成员见面一次，每次见半小时，连续坚持八周。每次见面，研究人员通过阅读、活动和讨论来教学生科学知识，讲述大脑生理学知识，并解释大脑怎样学习和成长。研究人员还强调，智力是可塑的，是可以通过经验和勤奋来提升的。为了形成对照，对照组中的学生花同样多的时间学习了大脑的其他方面知识，如记忆力如何运行。不过，他们的课程并未涉及任何与智力的特性有关的讨论。结果，尽管对照组学生的数学成绩在七年级一整年里越来越差（很不幸，在小学升初中第一年的学生之中，这种趋势很常见），但实验干预组中的学生在接受了基于智力可塑理论的特殊训练后，数学成绩有所提高。这意味着，要变得更聪明，首先要相信人类是可能变得更聪明的，也就是说，我们的信念可以开启（或者关闭）那扇门。[7]

尼斯比特写道："智商的可遗传度不会限制其可能的可变度。"[8]换句话讲，即便你的基因在某种程度上决定着你的初始智力（或者你一开始时的性格），却不一定意味着它们预示着你最后有多么聪明。我们在接二连三的研究中发现，那些有机会并且有激情去提升自己的技能与知识的人，确实会变得更聪明。不论你怎么去衡量，是用智商、标准测量的成绩还是用平均成绩，都可以清晰地看出，智力有着极大的可塑性，而在这方面，经验十分重要。如果你以前一直认为自己的智商是固定不变的，以为你就是不擅长数学、写作、计算机、音乐或者社交，那么，也许是时候把这整套理论全部扔掉了，它们对你有害无益。

你，处在自动导航模式

一想到设定目标，我们大多数人往往把它想象成一个刻意的、审慎的举动。我们衡量利与弊，评估成功的概率，一旦决定采用某个目标，便会全力以赴地实现它。我们觉得，所有这一切都是计划好的，没有丝毫的意料之外的情况或者考虑不周的地方。毫无疑问，在我们制订的目标中，有些确实很大程度上是有目的地、有意识地策划的。但并不是所有目标都这样。如果要讲实话，甚至大部分目标都不是这样。这是因为，你在日常生活中追求绝大多数目标的过程，都是在毫无意识的情况下运行的。

尽管这听起来有些诡异，但人类之所以这样，有许多很好的理由。首先，意识思维，也就是你的思维中负责处理任意时刻你清楚知晓的事情的那个部分，有着惊人的局限性。它每次只能处理数量有限的信息，否则会产生混乱和遗漏。而潜意识则是另一回事。它的处理能力极为强大。举个例子，如果你的潜意识思维可以储存的信息相当于美国国家航空航天局的超级计算机里储存的信息那么多，那么，你的意识思维大致只能储存一张便笺条的内容。

因此，当我们把尽可能多的任务交给潜意识思维来完成时，我们便能最有效地思考。一般而言，我们做某件事情做得越多，我们的思考会变得越发的自动化。许多成年人有过这种经历：工作了一整天后，下班开车回到家里，忽然意识到自己完全记不起自己是怎么到家的。在整个回家的路上，你的意识思维被各种其他的事情占用了……然后，不知不觉间，你到家了。幸运的是，你的潜意识思维好比是个技术娴熟的驾驶员。它甚至还会指挥你在遇到红灯时停车。尽管你并没有刻意告诉自己"我要回家"，但你的潜意识思维知道家是你的目的地，所以带着你回家。

但是，假如你并没有真正想着"我要回家"，那潜意识思维是怎么知道的呢？原来，你生活环境中的各种提示信号会触发你的大脑形成目标：太阳快要落山、工作已经完成、坐到你的车里等，这些提示信号都在告诉你的潜意识思维，是时候回家了。提示信号会和某个特定目标一而再再而三地绑定在一起，在你甚至没有意识到的时候激活那个目标，直到你安全到家，将车停在自家的私人车道。有时，你根本没有意识到自己在追求那个目标。

触发因素的神奇之处

环境中的哪些因素能触发潜意识思维追求某个目标呢？我们

刚刚开始理解并识别这些潜在的来源，不过，简短而正确的答案是：任何事情都有可能触发对目标的追求。

例如，与目标相关的文字或图像能够起触发作用。在一个实验中，心理学家约翰·巴奇（John Bargh）和彼得·戈尔维策（Peter Gollwitzer）观察了人们玩一个称为"资源困境"游戏的情形。[9] 在游戏中，人们在计算机版的乡村鱼塘里钓鱼。为了在游戏中获得最大的利益并赢得游戏，每位玩家需要钓到尽可能多的鱼。但是，和现实生活中一样，鱼塘里的鱼被钓走得越多，剩下的鱼也就越少，到那时，游戏中的每个玩家，也包括你自己，都会面临无鱼可钓的困境。所以，玩家与玩家必须展开一定的合作。玩家每钓到一条鱼，都有保留权（使个人获利最大化）和放弃权（使集体获利，从而也有利于个人的长远利益）。

在游戏开始前，巴奇和戈尔维策让一部分参与者用一堆的词语来造句，包括助人为乐、支持、合作、公平和分享等词。令人惊讶的是，参与者似乎只是简单地阅读这些词，便能明显地从潜意识中触发合作目标。结果，这部分参与者比游戏前没有接触这些词语的参与者多放生了 25% 的鱼。实际上，他们放回到鱼塘中的鱼的数量，和在实验开始前就已明确知晓并且有意地树立了合作目标的参与者（对照组）所放回的鱼的数量完全相同！这值得我们停下来思考一会。也就是说，刻意选择的目标，与完全由潜意识触发的目标相比，将带给你同样的结果。在动机科学研究中，这是一个比较新鲜的发现，且屡次得到证实。树立目标很重要，但它究竟通过什么渠道而树立，就完全不那么重要了。

在另一个实验里，巴奇和戈尔维策让学生们玩一种拼字游戏，用随机放在一起的字母拼出英文单词。每个学生都在装着对讲机的房间里独立完成游戏（而且，他们不知道屋里还有摄像头）。两分钟后，对讲机里传来声音，指示学生们停止拼单词。但游戏开始前，实验者要求一半的学生还玩了另一个拼字游戏。这是一个单词搜索游戏，要学生从那些拼出的单词中找出与成功目标相关的单词，比如赢、成功、奋斗、精通，当然还包括成就。巴奇和戈尔维策发现，这些在潜意识中被激发了成功目标的学生，57% 的人在听到停止指示后还在继续拼词（而潜意识中没有激发此目标的学生，只有 22% 没有立刻停止）。

现在看来，那些随处可见的、印有山川河流图片和用粗体字印着"团队协作"及"万众一心"等字样的"鼓舞人心"的海报，看起来也许并不是那么可笑了，对不对？许多人看着那样的海报，心想："耶，对了……这就好比，由于我不得不整天盯着印有'成功'字样的海报，我就会更有激情似的。但谁会在乎一张愚蠢的海报？"其实不然，你的潜意识思维的确在乎。而且，这些海报的影响是潜移默化的。

但是，并不是你一定得看到与目标有关的词语，才能从潜意识中触发目标。其他的研究表明，只要出现了可以用于实现目标的手段和方法，就可以触发那个目标。人们只要从健身房旁边走过，就能触发锻炼身体的目标。只要看到一盘水果和蔬菜，就可以触发健康饮食的目标。（我经常有意地在我的生日或纪念日到来之前带着丈夫经过珠宝店，结果，不止一次收到礼物。）

甚至其他人也能触发你的目标，特别是那些和你关系密切、你知道他想让你追求这个目标的人。心理学家詹姆斯·沙阿（James Shah）曾经采访过一些大学生，以了解他们的父亲对他们的学业成绩到底有多么重视。[10] 沙阿发现，当学生在完成一系列难题时，把他们的父亲和优秀的学业成绩关联起来并且在做题前下意识地看到父亲名字的学生，不但做题更努力，而且成绩也更好。此外，学生和他们的父亲越是亲近，这种影响就越强烈。

但是，在研究结束后，学生们根本不知道自己刚才特别努力。实现取得优异成绩的目标，是通过下意识地想到他们的父亲而激活的，而追求这个目标的过程，学生自己也完全没有察觉。有趣的是，当人们潜意识里想到自己的亲人，但这个人不支持自己的某个目标，就会阻碍人们对该目标的追求。例如，若你的潜意识想到母亲在摇手指或者发出失望的叹息，你便不太可能喝得酩酊大醉或者把所有的碗都堆在水池里不洗。不过，在一些特定情况下，这种潜意识可能产生反作用：最近一项研究显示，那些更加"叛逆"的学生在无意间想到自己那热衷于学业成绩的父亲时，反而不太用功了，成绩反而更差。显然，说起叛逆的学生，甚至他们的潜意识思维都不喜欢按照别人说的去做。

引人注意的是，就连你不认识的人的目标，都能成为你目标的触发因素。心理学家把这种现象称为**目标感染**（goal contagion）：因为在某个潜意识层面，目标的确很有感染力。[11] 仅仅看到某个人在追求某个特定目标，也使你更有可能做同样的事。例如，在对目标感染的第一批研究中，有个实验是这样的：一群荷兰人正在阅读一个关于约翰的故事，而约翰是个大学生，正计划和朋友一块儿旅行。在该故事的一个版本里，约翰在旅行前还到村里的农场上打了一个月的工。尽管没有明说，但这个信息暗示了约翰赚钱的目的是为了旅行。而在该故事的另一个版本中，约翰在旅行前到社区中心做了一个月的志愿者。参与实验的荷兰人读完其中一个版本的故事后，人人都有机会尽快在计算机上完成一项任务——谁完成得越快，赚的钱也越多。那些读到约翰赚钱故事的人，比读到他当志愿者故事的人，在完成计算机上的赚钱任务时快了10%！而且，完成赚钱任务更快的实验参与者，同样也完全没有意识到约翰的故事对他们自己的行为产生了怎样的影响。不过，约翰赚钱的目标已经变得有感染力，了解到约翰在赚钱的人，在不知不觉间也更加努力赚钱。

在另一项实验中，一群男性参与者读到巴斯的故事，巴斯在当地的酒吧和大学时代的好友娜塔莎见面。他们整个晚上都在聊各自的近况，然后喝酒、跳舞。在该故事的一个版本里，巴斯和娜塔莎走出酒吧后便各自回家了；而在该故事的另一个版本里，巴斯走路送娜塔莎回到家，并在娜塔莎到家时问她："我能进去吗？"尽管巴斯（十分强烈地）暗示了他寻求一夜情的目的，但最终还是没有明说。在读过"寻求性行为的巴斯"或"独自回家的巴斯"后，每位男性参与者都被实验者安排帮助一位名叫艾伦的温柔妩媚的女大学生。这个实验的最终结果是，那些读了"寻求性行为的巴斯"的男性参与者投入了明显更多的时间和精力来帮助美丽而脆弱的艾伦。了解到这个结果，你不会感到意外吧。

此时此刻，你可能开始担心起来。这是不是意味着，不管什么时候，我每次看到一个怀有某个特定目标的人，我就会采纳这个人的目标？不会，因为某个目标到底具有多强的感染力，是有一些局限的。比如，约翰赚钱的目标，只对当时缺钱的实验参与者有感染力，那些觉得自己"钱很多"的参与者，并未被感染。对你来说，某个目标看起来必须是合意的，你的潜意识才会采纳它。

那好，如果某个目标是不该有的目标呢？不好的目标能被传染吗？如果我看了电视剧《黑道家族》（The Sopranos）太多的情节，我会变成罪犯吗？如果我的朋友欺骗她老公，我也会潜意识地采用那个目标吗？绝对不会。假如你觉得某个目标是错误的，那么，不管它多有诱惑力，也没有什么因素可以触发它。在另一个版本的"巴斯实验"里，当研究者将寻求一夜情的巴斯描述成"对自己的

孩子即将出生"而感到兴奋，实验结果便戏剧性地改变了。因为
实验参与者认为，已经有了伴侣的人寻求"萍水相逢"的性关系，
应该受到谴责，所以，这个版本的实验对象并没有对可怜的艾伦提
供太多帮助。

环境对我们的影响，有着一些重要的局限。好消息是，环境
因素不会触发我们追求"成为连环杀手"或者"抢银行"或者
"婚内出轨"这样的目标，除非这些目标已经在你的心里萌芽了。
一般来讲，潜意识运行的目标，要么是我们已经有意识地采纳过的
目标（只是在潜意识中继续进行），要么是我们从非常积极的视角
来看待的目标。

让潜意识思维为你所用

现在你知道了环境中的提示信号如何触发你的潜意识对目标
的追求，是时候仔细观察周围环境中有些什么触发因素了。甚至更
为重要的是，花时间思考一下你缺乏一些什么触发因素。如果你有
一些想要追求的目标（例如减肥、戒烟、记得打电话给母亲、修缮
房屋等），那么，在你周围的环境中，有没有一些因素能触发潜意识
思维，进而激发目标？请记住，只要触发因素的意义对你来说十分
清晰，那么，不论什么都可以成为触发因素。把健康的点心放在你
能看到的地方；把健身杂志放到厨房台面上；用大号字体列出一个
每日任务清单，并将清单放在醒目的地方；找个精致相框，装上母
亲的照片，再把相框放在电话机旁边。不管你用什么来充当提示信
号，只要使环境中充满暗示，你就可以指望潜意识辅助你实现目标。

当然，当你希望别人能够更成功地追求某个目标时，上面这

些同样的建议也常常适用。你家那些十几岁孩子的房间里有没有一些提示信号提醒他记得写作业？（我上高中那会儿，父母亲在我房间贴过爱因斯坦和贝多芬的海报，这样做挺聪明。）你的下属员工的工作环境中，有没有一些激励他们充满热情、高效工作的暗示？你的家里有没有一些促使你爱人更加配合与支持你的提示信号？在思考能给这些环境添加什么样的暗示时，请记住一条：同样的触发因素，在不同的人那里，能够导致不同的目标。比如，看重集体价值的人在手握权力的环境里往往会下意识地触发社会责任方面的目标（如帮助他人或进行慈善募捐），而更加倾向于个人主义的人在同样的环境里则会更多地触发个人目标（如在工作中表现卓越或攫取经济利益）。

因此，为接收提示信号的人量身定制一些提示信号，这样做，从你的角度来看，可能需要些许创造力，但将产生丰厚的回报。把追求目标的任务分配给思维中的潜意识部分，便可以为那些需要持续关注的事情腾出有效的心理空间和能量。这是当诱惑和干扰出现时使你保持正轨的一个好方法。好比忙碌一天后，你利用潜意识思维把车开入私人车道那样，你可能发现自己在不经意间实现了这样或那样的目标。

要点回顾

◆ **弄清楚什么因素在影响你。**说起设立目标，如果你想做出更好的选择，弄清楚是什么在暗中影响着你的选择，会对你有益。将它们拿到桌面上来，我们便能评估它们究竟是对还是错，如有必要，努力去减小那些因素的影响。

◆ **弄清楚你对自身能力的信念。**我们为自己设立的目标，很大程度上取决于对自身能力的信念。如果有些目标对你很有吸引力，但你在自己的生活中却始终逃避它们，就是不设立这样的目标，那就该问问自己为什么了。你对自己的信念的正确性有多确定？是否还有其他的方式来看待这些问题？

◆ **欢迎改变的可能性。** 相信自己有能力达到目标是重要的，而相信自己可以获取这种能力，同样重要。我们中的很多人认为，我们的智力、个性和体育能力是固定不变的，也就是说，无论我们做什么，都无法提高。这些"实体论"信念使我们把关注点放在"试图证明自己"上，而不是放在我们的发展和成长上。幸运的是，数十年的研究证明，这种信念是完全错误的。"渐进论"信奉者认为，我们的各种性格特点是可以逐渐改变的，而且这种理论获得了科学证据的支持。因此，若是你相信自己的某个方面无法改变，而这种信念又塑造了你一生中选择的目标，那么，是时候抛开这种观点了。相信自己能够改变，并且欢迎这种（正确的）信念，能让你做出更好的选择，并且发挥出最充分的潜力。

◆ **营造适当的环境。** 影响你所追求的目标的另一个强大因素是环境，而且，那种影响几乎总是潜意识的。总之，我们读到的词语、看到的物体，以及我们与之打交道的人等，我们所接触的任何事物，无不触发潜意识对目标的追求。榜样在很大程度上通过"目标感染"激励我们。换句话讲，假如我们认同别人追求的目标，那么我们便会采纳那些目标。

◆ **利用触发因素来利用潜意识。** 若想保持前进的动力，要让你的环境里充满提示信号和触发因素。它们能使你的潜意识为达到目标而努力工作，即便你的有意识思维已被其他事情占用。

第二部分

预备开始

S U C C E E D
How We Can Reach Our Goals

第 3 章

使人们不断前进的目标

　　每个学期开始的时候，我站在大礼堂的讲台前，凝视着 100～150 张年轻的本科生新面孔。他们正襟危坐，手握笔和本子，等着我开口说话，以便迫不及待地记下我说的每一句话。我还在攻读硕士时，翘首盼望着自己将来从事教授职业，想象着自己怎样启发学生，引导他们参与课堂学习。在我的课上，我将为他们开启一扇通向令人神往的、富含新见解的科学心理学世界的大门。我将帮助他们更好地了解他们自己，从而发挥出自身最大的潜力。在我的脑海中，这一切就像电影《死亡诗社》（*Dead Poets Society*）中的场景那样，只是略微少了一些站在桌子上的镜头，诗词也少得多。所以，你可以想象得到，当我认清了大学课堂的现实时，心头有多沮丧。我最常被学生问到的问题是："教授，这会是考试的内容吗？"

　　你还真不能责怪学生。我足够幸运地在美国一些最杰出的大学工作，遇到的学生都是顶尖聪明的年轻学生。但是，也有些年轻人几乎一心想着拿高分和证明自己聪明。并不是说他们全是"实体论"者——相信他们自己的智力固定不变，尽管确实有很多学生这样认为。这里的大部分原因是，当代的大学本科生认为他们没有时间（或者不愿意）加入我的科学探索和个人发现之旅。他们得考进法学院或者医学院，或者考上工商管理硕士。如果你告诉学生，叫他们别太关注成绩，而是更深入且更有意义地思考你想方设法教给他们的内容，他们会像看七头怪兽一样看着你。或者更糟糕的是，他们会朝你翻白眼，并在心里暗自叹息："格兰特·霍尔沃森教授是不是太天真了？少关注成绩？她以为这是《死亡诗社》吗？"

但这真的有什么区别吗？你的目标到底是证明你擅长做自己正在做的事情，还是相反，让自己获得成长与进步，真的有那么重要？这两种目标不是都令人鼓舞吗？确实，两种目标可能都十分励志，但是，这两种斗志，无论是表面看起来还是给人的感觉，都截然不同。在上一章中我说过，你的信念可能怎样驱使你把关注点放在不同的目标上，究竟是重点关注表现，还是重点关注进步。在这一章我会告诉你，这两种目标在哪些真正重要的方面有哪些区别。

例如，你最终选择的目标会影响你在追求目标过程中的趣味性和快乐感。它将影响你可能变得多么容易焦虑和沮丧，也能影响到愁绪向你袭来时你做出的反应。最为重要的是，它不仅决定你的动机有多么强烈，还能决定你面对困难时能够坚持多久。你看，有些类型的目标会使你更有可能坚持下去、永不放弃，不论你变得多么沮丧。另一些目标则似乎注定了失败。现在，是时候学会识别这些目标了。

所以，回想一下你读高中或者大学的时候，在课堂上是更注重提升自己的能力，尽可能多地学到知识，还是更注重向老师（或父母，或自己）展示你的才华？在你目前这份工作中，你往往把新项目或者新任务看成是学习和积累专业知识的机会，还是看成证明自己或者让老板刮目相看的机会？当你和伴侣之间的关系出现了问题时，你是更加注重二人的成长并且从错误中学习，还是一心想要审视、评判对方（和自己）？换句话讲，你的目标是**展示才华**还是**谋求进步**？

在继续看下去之前，请你花一点时间在笔记本或者纸上写出你对下面这些问题的回答。记住，要做到诚实，无论你怎样回答，答案没有对错之分。

是什么在激励你——展示才华还是谋求进步

使用下面的标尺，评估你对每句表述的认同程度。换句话说，评估这些表述在一般情况下对你来说有多么真实。

根本不是真的		有一点真实性		十分真实
1	2	3	4	5

1. 对我来说在学校或工作中比同学、同事做得好是非常重要的。

2. 我喜欢拥有一些能让我更了解自己的朋友，即使他们说的话不见得总是很中听。

3. 我总是找机会提升新技能和获取新知识。

4. 我真的很在意是不是给别人留下了好的印象。

5. 对我来说，重要的是展示自己的聪明才干。

6. 我想方设法与朋友及熟人保持开放和忠诚的关系。

7. 我奋力在学业上或工作中持续地学习与进步。

8. 和其他人在一起时，我对自己给别人留下了什么样的印象考虑得很多。

9. 当我知道别人喜欢我时，我会自我感觉良好。

10. 我试图比同学或同事做得更好。

11. 我喜欢别人挑战我，从而使我成长。

12. 在上学或上班时，我将关注点放在展示我的能力上。

现在请把第 1、4、5、8、9、10、12 题的答案得分相加，然后将总得分除以 7。这个数字是你展示才华的分数。

然后把第 2、3、6、7、11 题的答案得分相加，然后将总得分除以 5。这是你谋求进步的分数。

哪个分数更高？如果你像大多数人那样，那么你会在同一时间追求这两类目标。但是，你更热衷于追求哪个目标呢？ [1]

数十年来，科学心理学家一直在重点研究，试图理解在各种追求成功的场合中（无论是在课堂、运动场，还是在工作场所）什么样的人能成功、什么样的人最终会放弃或失败。许多人以为这和智力有很大关系，但令人惊讶的是，这种想法是错的。你有多么聪明，将会影响你做某件事时体会到的难度（例如，一道数学题要有多难才能让你感觉到困难），但跟你在困难出现时怎样解决困难完全没有关系。它也跟你是坚持不懈地做下去，还是感到疲倦和无助没有关系。

另一方面，你在课堂上、运动场上和职场中追求的目标，可以让你十分清楚地知道你会怎样应对困难以及你是否有可能最终取得成功。研究成就的心理学家尤感兴趣的是，当人们把关注点放在表现出色因而展示自己的能力时（展示才华）或是放在进步、成长以及精通（谋求进步）时，会出现怎样的差别。

当你以展示才华为目标时

心理学家把展示才华的意愿叫作**绩效目标**，也就是显示自己的聪明、有才、能力或业绩胜过其他人。当你追求绩效目标时，你把自己的精力集中到实现某个特定的结果上，比如在考试中拿到 A 的成绩，达到某个销售目标，让漂亮迷人的新邻居答应和你约会，或者考上法学院。虽然绩效目标并不一定总是这样，但我们大多数人在日常生活中追求的绩效目标，都和我们对自我价值的感觉紧密相关。我们一开始之所以选择这些目标，是因为我们认为，实现这些目标能给我们带来一种被人认可的感觉，使我们看上去或自我感觉聪明、有才干、令人满意。接下来，我们根据自己是否成功来评判我们自己。所以，若是没有拿到 A 的成绩，不仅让人失望，还意味着我不够聪明，不够优秀。若是销售业绩没有达标，意味着我不擅长这份工作。若是漂亮迷人的邻居似乎对我不感兴趣，我便没有魅力、毫无价值。若是没能考上法学院，我就是个彻底的失败者。绩效目标都用一种"全有或全无"的特征来描述，也就是说，你要么达到目标，要么达不到目标。你要么是赢家，要么是输家。正如老话所说，"你还是失败了，差不多并不算成功"（close only counts in horseshoes and hand grenades），说起绩效目标，差不多绝对不能算作成功。当你只关心展示才华，希望表现出色时，"差不多好"和"大部分好"真的无法给你带来许多安慰。

意料之中的是，绩效目标十分励志，因为经常有大量成功的例子。在许多研究中，我们发现追求展示才华目标的人工作很努力，以求把事情办好，并且条件合适时也能取得最高的成就。以优异成绩为目标的学生往往能拿到最高的分数；以卓越绩效为目标的员工常常工作起来最有成效。如果我告诉你，我会根据你做某件事情的好坏来判定你这个人，也就是评价你的智力、能力、运动能力或受欢迎程度，你也许会备受鼓舞地尽最大能力把事情做好。但是，绩效目标犹如一柄双刃剑：那些与自我价值相联系的因素在激励人们的同时也使得人们不太适应更加艰难的局面。

用心想一想，你会发现这是有道理的。例如，当我的目标是"在某堂课上拿到 A 的成绩并且证明自己聪明"时，我参加一次考试后，却没能拿到 A……那么，我就真的会忍不住想"我并不是十分聪明"，不是吗？得出"也许我不够聪明"的结论，将产生几种不同的结果，但没有一种是好的。首先，我的感觉会很差，也许深感焦虑和沮丧，还可能感到难堪和羞耻。我的自我价值感和自尊心都将受到损害。我的自信即使还没有被彻底粉碎，也将会动摇。而且，若我不够聪明，我再怎么继续努力也是枉费力气，因此可能选择放弃，不再劳心费力地勤奋学习，为接下来的考试做准备。

当你追求**展示才华**的目标时，你很容易成为悲惨的"自我实现的预言"的受害者，也就是说，你觉得自己干不好，因而停止尝试，于是注定失败。这样一来，当然会（错误地）应验"我不行"的最初想法。（正如托马斯·爱迪生所说，人生中的大多数失败是因为人们在放弃努力时没能意识到自己离成功只差一步了。）因此，绩效目标也可能导致失败，同时还伴随着无比的失望和自我怀疑。

当你以谋求进步为目标时

并非每个学生都会痴迷于拿到 A 的成绩。多年来，在我教过的每一个班级，总有另外一种学生（不得不承认，他们是少数）似乎更在意自己能学到什么，不太在意证明自己能做什么。你很容易就能找出他们，因为他们和着力展示自己能力的学生相比，在行为上有很大的不同。他们常问问题，问的是那些他们知道我不会考的问题。他们会问，我当时讲的内容和几周前我提到过的某个主题有怎样的联系，或者与他们在其他课程中学的东西、电视上看到的新闻之间有什么关联。他们会怀疑我对某项研究的阐述，会问是不是还有其他方法来看待某个研究结果。这些学生会在下课后问我更多的问题。他们会拿着期中考试的试卷到我办公室来，想弄明白某道题为什么错了，但他们的目的不是纠结于分数，而是着眼于理解。他们想真正掌握我教他们的东西。一句话，他们在谋求进步。

心理学家将这种谋求进步的意愿（也就是提升或增强某种技能与能力的意愿）称作**精通目标**。当人们在追求精通目标时，他们不会通过自己是否达到特定结果（例如成绩全 A 或超越销售目标）来评判自己。相反，他们用进步来评价自己。我有进步吗？我在学习吗？我的前进步伐适当吗？进步并不是着眼于某一次的优异表现，而是着眼于长期的优异表现。这种目标以全然不同的方式与自我价值联系起来，因为它们侧重于自我提升而不是自我认可，侧重于做到最优异、最能干，而不是侧重于证明你已经做得怎么样。

当我们追求精通目标（谋求进步）时，不太可能将自己的困难和差劲的绩效归咎为自己缺乏能力，因为这样做没道理。现在的我当然缺乏能力了，因为我还没掌握它啊！相反，我们会为困难和不足寻找其他更加可控的原因。我有没有足够刻苦地学这门功课？是不是该换一种方法？是不是应该找个高手请教一下？当人们在"追求卓越"的路上遇到麻烦时，他们不会像"展示才华"的人那样沮丧和无助，他们会付诸行动。他们会问自己哪里错了，然后去纠正错误。假如我第一次考试只得了 C，我会将学习时间增加一倍，并且尝试不同的学习方法，比如使用记忆卡或者列出大纲。倘若我没有完成销售目标，我会和公司中经验更丰富的销售人员一同坐下来，请他们指导我。如果我的邻居似乎对我不感兴趣，我会想着如何吸引他的注意以及怎样增进相互的了解。若我第一次没能考上法学院，我会向法学院教授或招生工作人员讨教，看看在下一次报考时怎样才能使自己更有竞争力。有时候，"谋求进步"的目标能造就最大的成功，因为人们若是把注意力集中在"让自己更加卓越"之上，几乎不会一遇到困难就放弃。

在一次次的研究中，心理学家发现，追求"展示才华"的绩效目标和"谋求进步"的精通目标，在人们的精神面貌、内心感受和实际行为等方面，有着很大的差异。在本章接下来的内容中，我会突出显示我们发现的最有趣的和最重要的差异。

哪种目标对我最有益

对于这个问题，我很希望有个简单的答案。但这一次，我又不得不承认，这得"看情况而定"。如我之前提到的那样，有时候，"展示才华"的目标比"谋求进步"目标更能催人奋进。想证明自己聪明或者有价值的人往往会付出巨大的精力、集中百倍的精神去做某件事。当做好这件事情后可以获得实实在在的奖励时，尤其如此。在一项研究中，心理学家安德鲁·埃里奥特（Andrew Elliot）和他的同事请实验参与者玩一个与拼字游戏十分类似的游戏。[2] 在游戏中，参与者先摇一组骰子，骰子的每个面都标有字母和分值，他们要用这些字母拼出尽可能多的单词，并得到相应的分数。实验组织者告诉其中的一组参与者："游戏的目的是为了比较每个大学生解决难题的能力，"让他们以"展示才华"为目标；同时，告诉另一组参与者，游戏的目的是"学会如何把这个游戏玩好，"让他们以"谋求进步"为目标。此外，实验组织者还告诉每一组参与者中一半的人，如果游戏的得分足够高，便能在大学课程中获得额外的学分。大学生喜欢额外的学分，所以，这对他们来讲是非常渴望得到的奖励。

对每个组另一半的参与者来说，拼字游戏不会给他们带来额外学分的奖励，此时，"展示才华"组和"谋求进步"组的学生的得分相近，都在 120 分左右；但在有可能获得额外学分奖励的学生中，"展示才华"组得到 180 分，比"谋求进步"组的 120 分高出50%。事实证明，注重提升技能的人，对奖励的印象并不会太深刻，但对于那些试图展示自己能干些什么的人，若是展示能力的同时还能带来诱人的奖励，那他们的动力会强大得多。

其他的实验表明，追求"展示才华"目标可以在各种各样的任务中给你带来好成绩，比如在解数学题或玩弹珠游戏时，而且，在某些情况下，甚至还能让学生的学习成绩更优秀。但在大部分这类实验里，参与者确实没有感到他们所做的事情有什么挑战性，一方面，题目和游戏都比较简单，另一方面，那些课程也很容易，许多学生都能拿高分。因此，当你在做比较简单的事情时，你有很强大的动力把关注点放在拿出优异的表现并证明自己的强大之上，而这也许会让你获得回报。然而，当前路变得更加曲折和崎岖时，也就是说，人们在处理不熟悉的、复杂的或困难的任务并且面临重重障碍或挫折时，那就完全是另一种情景了。此时，把关注点放在"谋求进步"而不是"展示才华"之上，优势将变得明显。

解决困难

劳拉·杰勒缇（Laura Gelety）和我开展了一系列实验，有针对性地观察人们在追求"展示才华"和"谋求进步"目标时如何克服困难。[3]我们告诉实验参与者，我们感兴趣的是他们解决问题的能力。然后又告诉其中一半的参与者，说他们的答题成绩将体现他们的"理解概念的能力和分析能力"，他们的目标应当是努力拿高分。换言之，我们把展示才华的目标灌输给了这些人，要他们尽力证明他们自己的聪明才智。对另一半的实验参与者，我们告诉他们，这个任务专为提升他们的能力而设计，是一个"训练工具"，他们的目标应当是"充分利用这个宝贵的学习机会"。也就是说，我们给这一半学生灌输了谋求进步的目标，方法是提高他们解决问题的能力。

我们还改变了题目的难易程度，给一些实验参与者增大了挑战难度。我们将一些无法解答的难题掺在题目中，但并没有告诉学生这些题目是无解的。我们还在他们答题时干扰他们，即使他们知道自己可用的答题时间不多，也尽可能消耗他们的时间。在这些实验中我们发现，那些心怀"谋求进步"目标的人并未被题目难度的变化所干扰。不论我们做什么，他们在题目简单和复杂的情形中表现得同样好。但在那些心怀"展示才华"目标的参与者中，情况截然不同。我们引入的困难或障碍，严重影响了他们的答题水平。

还记得吧，在前面几章中我说过，人们对成功的期望是激发他们动力的十分重要的因素；还记得吧，当人们相信自己能把某件事情做好，往往就真的能够做好。这千真万确。但我们在这些研究中得到的一个最有意思的发现是：这种现象在"展示才华"类型的目标中更加明显。当我们设置了障碍并提高了难度后，他们对成功的期望值下降了，这是可以理解的。他们觉得，既然题目那么难，自己不太可能解答得好。而在追求"展示才华"目标的参与者中，这种影响尤其严重，他们的期望值大幅度滑坡。也许更重要的是，那些追求"谋求进步"的人，即便期望值有所下降，答题的动力也不会受影响。换句话讲，不论他们认为自己的表现会多么糟糕，始终都保持着动力去不断尝试和学习。

　　这值得我们停下来思考片刻。当你将关注点放在"谋求进步"而不是"展示才华"上时，你将在两个重要的方面受益。第一，当局面变得困难时，也就是说，面临复杂情形、时间压力、重重障碍或者意想不到的挑战时，你不会变得太过气馁。你更有可能相信，若是继续坚持下去，你依然能够做好这件事情。第二，当你开始怀疑自己能不能做好这件事情时，你不会因此而丧失动力，这是因为，尽管很难成功，但你仍可以从中学习。进步依然是可能的。因此，当某项任务很难完成、坚持不懈是取得更大成功的关键时，"谋求进步"的精通目标具有明显优势。要想测试这个优势，再没有哪个地方比折磨心志、粉碎梦想的大学医学预科班更好了。

大学医学预科班学生与毅力

　　每一名梦想到医学院深造的学生都必须在大学里进修一系列的核心科学课程，包括多门化学和生物课。医学预科学生在面对这些课程时，往好的方面讲，难免感到恐慌，往差的方面讲，甚至会感到令人绝望的恐惧。这是因为，在这些课程中取得好成绩（最好是全A），很大程度上是考入医学院的必备条件。大学一年级的第一个学期必修的普通化学课是学生们必须克服的第一个障碍。

对很多学生而言，尤其是顶级院校的学生，这门课是他们一生之中第一次接触的真正有难度的课程。那些在初中、高中曾在光荣榜中高居榜首的学生忽然发现，在这门课上，一半的学生只能拿到 C 的分数甚至更低。要想取得好成绩，学生必须奋力拼搏，不得不以优雅的气度和坚定的决心来解决困难，在第一次期中考试成绩不理想的情况下仍然继续努力、保持激情。那么，什么样的人最终会成功、什么样的人最终放弃并转修心理学呢？（我这是半开玩笑半认真。心理学是许多大学校园中最受欢迎的专业之一。心理学固然令人神往，但我敢打赌，它之所以如此受欢迎，或多或少是因为它成了许多医学预科"难民"的安全避风港。）

我和卡罗尔·德韦克认为，学生们在化学课中追求的目标，与谁会为成功而奋力拼搏以及谁会过早放弃有着很大的关系。因此，我们让修化学课的哥伦比亚大学一年级学生告诉我们，他们修化学课的主要重点以及目标是什么。要明确的一点是，修这门课的每位学生都想拿到 A 的成绩。在哥伦比亚大学这个竞争十分激烈的地方，仿佛没有哪个学生不在乎他们最终的成绩。但对有些学生而言，成绩似乎是他们唯一在乎的事情。更重要的是，他们觉得成绩能体现自己多聪明，成绩好意味着你学懂了，成绩差则不然。这部分学生认同下面的表述："在学校中，我注重展示自己的智力。"其他的学生则告诉我们，他们还很重视学习和成长，并认同这样的表述，"我不断争取在课程中学习与进步"以及"在课程中，我注重提升自身能力以及获取新的本领"。

对这些学生追求的目标有所了解后，我们还仔细观察了他们整个学期的成绩。我们发现，积极"谋求进步"的学生不但总成绩更好，而且能够取得这种好成绩，恰恰是因为他们每次考试都在不断进步。事实上，"谋求进步"的目标并不是让自己在第一次考试的时候就取得更高的分数，这些目标的好处是在接下来的历次考试中体现的，学生们心怀这些目标，便更有可能坚持下去，甚至比之前更加努力并保持动力。反观那些注重通过成绩证明自己的学生，我们看到了相反的规律，也就是说，他们的成绩实际上随着时间的推移在退步，尤其是在第一次考试时成绩不够优异的情况下。因此，当你在做一件需要持之以恒才能成功的事情时，也就是说，当你需要打持久战并且不能轻易放弃时，"谋求进步"的目标正好适合你。[4]

为了防止你觉得这些目标只有在课堂里才适用，我可以向你保证，这样的影响随处可见。比如，在一项研究中，心理学家唐·范德瓦尔（Don VandeWalle）和他的同事们观察了 153 名员工的销售业绩，这些员工来自一家医疗用品与设备经销公司，负责销售 2000 多种医疗用品与设备。他们的工作具有挑战性，需要付出努力与坚持（还得经常面对被人拒绝的窘境）。在观察开始时，研究者要求销售人员填写一些调查表，以表明自己在工作中主要注重绩效目标（"展示才华"，比如，"我很想让同事们在销售中看到我的厉害之处"）还是精通目标（"谋求进步"，比如，"对我来说至关重要的是学会怎样成为一名更优秀的销售员"）。范德维尔发现，一方面，注重"展示才华"并没有造就出色的销售业绩。另一方面，那些强烈地怀着精通目标的销售员投入了更多时间和精力进行销售，并且把计划工作做得更好。因此，越是明确地怀着精通目标的人，销售出去的产品也越多。所以说，即便是在校园以外的"现实世界"里，以"谋求进步"为目标的人事实上也能更好地完成艰巨的工作任务。[5]

享受过程

很多人一定跟你说过，一谈到追求目标，重要的是享受"到达那里"的过程。也就是说，你不但得爱结果，还得爱"过程"，手段和目的同样重要。他们还告诉你，这是快乐的关键。这建议很好，不过，他们就是忘了告诉你究竟怎样才能做到。享受达到目标的过程，并且品味一路上的酸甜苦辣，并不总是一件容易的事情。对我们大多数人而言，当我们处在为实现目标而努力奋斗的模式下时，不会自然而然地把关注点放在实现目标的趣味和快乐之上。我的很多学生似乎全神贯注地为应付考试而死记硬背复习资料，却很少停下来思索一下他们真正学到的东西。因为他们和很多人一样，竭力达到"展示才华"这个绩效目标。"展示才华"的目标只看结果，他们便把注意力集中在结果上。

另一方面，"谋求进步"的目标则注重过程。心理学家在几十项研究中发现，以"谋求进步"为目标的人能在工作学习中找到更多乐趣。他们对过程投入了更多注意力，更能全身心地参与和投入，并且自己也十分珍视在此过程中学到的东西。甚至在我们前面提到的医学预科学生中，也是这种情况：将关注点放在"谋求进步"的学生告诉我们，他们学习化学的经历很有意义、让人快乐，并且引人入胜。在追求合适的目标时，即使是普通人觉得乏味的元素周期表，也都有着一定的吸引力。

在追求目标时找到更多的乐趣本身就是一件好事，但还不止这样。对所学科目感兴趣的学生更有可能积极而非消极地参与学习。研究显示，对所学科目感兴趣的学生更有可能提出自己的疑问并寻找答案，以满足自己的好奇心。[6]他们运用"更深"的学习方法，比如寻找学习内容中的主题、相互关联以及根本原理，而不是更多地从"表面"来学习，比如死记硬背、突击准备，这些方法是"展示才华"的学生喜欢的方法。对科目感兴趣的学生不太可能拖延时间。[7]主动地学习、提问以及不拖延，能够带来更好的成绩，这也是意料之中的事情。如果你选择以"谋求进步"为目标，会由于享受追求进步的过程而获得更大的成功。所以，有的时候，你真的可以鱼和熊掌兼得。

寻求帮助

为了实现艰巨的目标，最重要的一点是懂得什么时候寻求和接受帮助。在克服障碍、直面挑战或在"摸着石头过河"时，寻求帮助是一种十分有效的方法，但有时候（其实是大多数时候），人们不愿意求人，因为他们不想让自己显得无能或让人觉得自己无能。一方面，寻求帮助意味着承认自己需要帮助。所以，如果你的目标是"展示才华"，显示自己的聪明才智，那么，"需要帮助"也许让你感到自己好像在承认失败。另一方面，寻求帮助是"谋求进步"的绝佳方式，那些追求精通目标而不是绩效目标的人们显然明白这点。

心理学家露丝·巴特勒（Ruth Butler）在观察学校老师自身的目标怎样预示着他们是否寻求帮助的倾向时，发现的正是上述这种情况。巴特勒将人们寻求的帮助区分成两类，一类是自主的帮助，一类是应急的帮助。自主的帮助促使人们理解和学习，以便最终独挡一面。应急的帮助是指你真的想要某个人为你做成某件事情或者解决某个问题的情形。换一种说法，应急帮助好比给饿汉一条鱼，而自主帮助好比教会他如何钓鱼。

巴特勒挑选了320名从小学到高中的老师参加实验，她发现，在这些老师中，有的在课堂上以"谋求进步"为目标。这部分老师说，他们觉得最有成就感的事是当他们"学到了新的教学知识或者进一步了解了老师这个职业"的时候，以及当他们"发现自己在职业上有所提升，并且比过去更会教书"的时候。另一部分老师主要追求"展示才华"的目标。他们觉得最有成就感的时候是知道"我教的班级在考试中成绩比其他老师教的班级好"的时候或者当"校长夸我比其他老师教学能力强"的时候。读到这里，当你听说那些以"谋求进步"为目标的老师更有可能去寻求帮助时，你应当不会感到惊讶。具体地讲，这些老师会主动寻求"学会钓鱼"式的帮助（"我更喜欢有人给我推荐几本有助于我增长知识的书籍"以及"我更愿意参加关于课堂管理方式的研讨会"），而不是寻求"送我条鱼"式的帮助（"我更希望校长直接处理捣乱的学生"以及"更希望有人给我推荐几本学生们可以自己去做的练习册"）。[8]

到现在为止，我已经告诉你们，那些着重于提升和发展自身能力的人比着重于展示其能力的人拥有许多的优势。"谋求进步"的目标能使你优雅平和地面对困难，坚持不懈地迎接挑战，并且从自己追求目标的过程中发现意义和找到乐趣、运用更好的策略，并在你需要帮助的时候寻求适当的帮助。但是，即便你用"谋求进步"的目标将你的生活填满，也不可能所有的事情永远都不出错。总有些事情会出错，有时候还会错得很离谱。不过，正如事实证明的那样，当事情出了错的时候，"谋求进步"目标也是有益的。

情绪低落也能催人奋起

每个人都有情绪低落的时候。不论你的目标是什么，总有些时候会出现事情进展不顺利的情况，比如，当条件发生了变化、意想不到的问题冒出，以及获得你想要的东西比你想象的更艰难时。不好的事情总会发生，而且会使我们异常沮丧。当然，与那些时刻想着证明自己的人相比，对那些专注于成长和进步的人来说，这种沮丧的感觉往往既不会那么严重，也不会那么频繁地涌上心头。当你奋力追求进步时，不太可能把坏事都归咎于你自己不可能改变的问题上，因而不会十分沮丧。这是个好消息，因为一旦把关注点放在"谋求进步"而非"展示才华"，我们就能帮助自己和他人卸下情绪痛苦的负担，过上舒心的生活。

但正如我之前所说，即使你是追求进步的人，也总有心情烦闷的时候，不好的事情时常会发生，你会被它们搅扰得情绪低落。值得注意的是，沮丧情绪并不会以完全相同的方式搅扰每一个人，而且，它对你产生怎样的影响，取决于你追求什么样的目标。我的同事卡罗尔·德韦克、艾莉森·贝尔（Allison Baer）和我第一次注意到这种现象，是通过和我们在哥伦比亚大学实验室的本科研究助理的交往发现的，我们暂且把她叫作萝宾。多年来，我和实验室里的数百名本科研究助理合作过，尽管如此，我依然记得，萝宾是所有助理中精力最充沛、积极性最高也最能干的那个。如果你星期一给她布置任务，要求在星期五之前完成，她会在星期二的时候就完成了。她始终准时，始终乐于助人、积极学习，并且始终百分百地投入。因此，当她担任了几个月助理后告诉我们，从我们认识她的那一刻起，她一直被间歇性的抑郁症折磨时，你可以想象我们有多么惊讶。真是太让我们震惊了。我们心想："得了抑郁症的人，不像是她那样的，不是吗？""可能吗？真的患了抑郁症，还能像她那样到处跑，工作起来那么有成效？"

了解萝宾成了我们新的挑战，由于她明显是以"谋求进步"

为目标、寻求掌握业务的人，我们想知道，当抑郁症患者并不是心怀"展示才华"目标和证明自己的目标时，它在某个人身上的表现会不会截然不同。为了一探究竟，我们找来 90 多位本科生参加实验，让他们每天写日记，一连写三个星期。在日记中，我们要求他们记录每天发生的最坏的事情、他们对这件事情的感受以及反应——如果有任何反应的话。我们还请他们列出一份他们每天已经完成了的事情的清单，包括学习、找朋友玩、做家务（比如洗碗、洗衣服）。

实验开始前，我们让每位参与者填写一份调查问卷，以便我们判断他们是主要把关注点放在"展示才华"这个绩效目标上（"在很多情况下我觉得仿佛自己的基本价值、能力和受欢迎度都受到威胁"）；还是放在"谋求进步"这个精通目标上（"在我看来，个人的成长与学习的回报远比失败或被拒绝所带来的失望重要得多"）。

我们发现，大多数时候试图展示自己能力的学生比起更加注重"谋求进步"目标的学生更有可能经历抑郁。对此，我们一点也不感到诧异。另外，我们对下面这个发现也并不感到惊讶：追求"展示才华"目标的人越是沮丧，便越是无法采取有益的行动。糟糕的感觉使他们不太可能尝试采取任何行动来解决问题，而且还使他们在生活的其他方面更容易受影响，比如，他们厨房水池里的碗碟可能堆起来了，脏衣服摞成一摞了，课本也沾满灰尘了。

但我们惊奇地发现，当"谋求进步"的人确实在体验抑郁时，他们对这种情绪的反应截然不同。他们的感觉越糟，便越有可能迅速行动起来做点什么。如果问题是他们能解决的，他们立马行动。如果抑郁的根源是他们无法掌控的，他们会竭力寻找一线希望，并从那种体验中成长。真正值得注意的是，以"谋求进步"为目标的人越是抑郁，越有可能坚定不移地实现其他目标：心中越是难过，便会越快地把衣服洗掉、潜心读书。所以，当你以"谋求进步"为目标时，将自己不太好的表现"记在心头"，实际上是有益之举。在怀着"谋求进步"目标的人身上，糟糕的感受好比"火上浇油"，使你产生大得多的动力去获取成功。

如果你着重关注自身的成长而不是别人的认可，注重谋求进步而不是证明自己，那么你不会一遇到失败和挫折便怀疑自己的价值。而且，由于不好的感觉会让你想着更加努力拼搏、奋斗，你也不太可能持续停留在抑郁的状态中。你不会再躺在沙发上，会掸掉身上的薯片渣，让自己忙碌起来，以谋求更大的进步。[9]

将"展示才华"的目标转换成"谋求进步"的目标，对你来说可能是一件戏剧性地影响人生之路的不可思议的事。这样来想：目标好比眼镜中的镜片。你追求的目标不但决定了你看到些什么，还决定了你怎样来看。也就是说，目标类型决定了你观察到的东西以及你解读这些东西的方式。改变了目标，失败便成为一种关于你应该怎样改进自身的反馈，障碍也变得可以逾越，不好的感觉能激励你从沙发上跳起来。改变目标如同换副眼镜，你的世界将变成另一番截然不同的风景。

要点回顾

◆ **"展示才华"还是"谋求进步"？** 在这一章里，我们着重阐述为证明自己而树立的目标（"展示才华"）与着眼于进步的目标（"谋求进步"）之间的区别。在工作、学习以及各种人际关系中，你是把自己所做的事情竭力做到最好，还是想在每个人（包括你自己）面前展示你已经具备的能力？

◆ **聚焦"展示才华"，使人表现优秀。** 假如遇到的事情并不复杂，想要"展示才华"可以给人们带来极大动力，并且让人们表现优异，不幸的是，当追求目标的旅程变得坎坷时，聚焦于证明自己的人容易得出自己不行的结论，并且过早放弃。

◆ **聚焦"谋求进步"，使人提高绩效。** 当我们专注于"谋求进步"的目标时，我们便能从容应对困难，将艰难困苦的经历当作助推我们前进的燃料。追求成长的人常常能做出最好的业绩，因为他们在困难面前更加坚韧不拔。

◆ **聚焦"谋求进步"，享受奋斗旅程。** 当你的目标是"谋求进步"时，你往往更加享受正在做的事情并从中找到更多乐趣。换言之，你对奋斗的旅程和最终目的地同样欣赏。你还会更深入、更有意义地处理好各种信息，更好地谋划未来。你甚至更容易在自己需要帮助的时候寻求帮助，并且更有可能真正从中受益。

◆ **聚焦"谋求进步"，抵抗抑郁情绪。** 和那些设定了侧重于自我证明目标的人相比，设定了侧重于自我成长目标的人能够更加有效地抵抗抑郁和焦虑情绪。不好的感觉可以激励他们行动起来、解决问题，而不是纵容自己无所事事、唉声叹气。意料之中，聚集于"谋求进步"目标的人们和那些整日试图证明自己的能力与价值的人相比，抑郁症状不但更轻，而且持续时间也更短。

◆ **聚焦"谋求进步"，创造更大成就。** 归根结底，只要有可能，试着将你的"展示才华"目标转换成"谋求进步"目标。与其哀叹某段人际关系的不完美，不如把注意力集中在能够得到改善的方方面面。在工作中与其想方设法让人们对你的聪明才智留下深刻印象，不如全心全意拓展技能、接受新的挑战。当你把侧重点从"能够证明什么"转为"能够学到什么"时，你会快乐得多，并且收获良多。

第 4 章

乐观者和悲观者的目标

我写这一章时，我儿子马克斯刚满一岁。在他人生的第一个生日到来之际，马克斯也迈出了人生的第一步。现在，他一刻不停地围着整个屋子东倒西歪地走路（并且时不时摔一个跟头）。尽管他是我的第二个孩子了，而我之前也经历过这个过程，可看着自家宝贝撞到东西或者摔个跟头，我还是无法淡定。看着他东倒西歪地在房间内跑来跑去，两只手臂胡乱摇摆，我内心充满了焦虑。我想让他学习走路，事实上，帮助他学会走路，也是我作为他母亲的一个目标。为了帮助他学会走路，我采取了一些防范措施。我买来新的毛绒地毯，以遮住家里的硬地板砖。我在楼梯口和摆放着有锐利边沿家具的房间门口安装了防护门。在马克斯可以随意地蹒跚学步的房间里，我把所有带尖儿的东西都搬走了。我让他穿着带胶皮的防滑鞋，以增加摩擦。如果不是商店里找不到他这种尺寸的头盔，那我早就买回家让他戴上了。

　　我的丈夫也怀着帮助马克斯学走路这个目标，但他实现目标的方法和我截然不同。他鼓励儿子爬楼梯并且到其他所有的地方去走。他在地上摆满各种障碍物，以观察儿子能不能绕过和跨过它们。我每次看到儿子走路不稳，总是伸手扶他，而我丈夫则把自己的双手放在身后，等着儿子去想方设法走稳。我丈夫看到马克斯摔倒，并不会太担心，而只要看到马克斯征服了新的挑战，便会异常兴奋。他总是大声地嘲笑我一股子热情地采取各种"保护措施"。（不过，当我把更贵重的安全设施买回家时，他就笑不出来了。）

　　我们的目标相同，都是帮助儿子马克斯学会走路，但我们理解这个目标的方式完全不同，所以追求目标的方式也截然相反。对我丈夫而言，帮助儿子学会走路，是在帮他取得某种成就。学会走路就是儿子的一种成就，是一个让他在成长发育过程中迈出新步伐的机会，也是学习和获取新的令人兴奋的能力的机会。我丈夫对马克斯迈出的每一步都热切期待，迫不及待地想要看到马克斯还能做什么。他觉得自己的使命是以各种各样的方式促进儿子的进步。

　　对我而言，帮助马克斯学走路，就是确保他在学习过程中的安全。我觉得学会走路的过程充满危险，孩子真的有可能伤害到他自己。在他蹒跚学步期间，他踏出的每一步我都保持着警惕，以免他受伤。我觉得，我的任务好比在他学习的同时保护他的安全，直到他能够熟练地走路，并且不再像以前那些频繁地跌倒了。我想让他远离危险。

　　根据心理学家托里·希金斯（Tory Higgins）的观点，我丈夫和我确定了同样的目标，但焦点不同。一方面，我丈夫在帮助马克斯学走路这件事上具有希金斯所谓的进取型焦点。[1] 进取型焦点的目标是从功绩与成就的角度来思考的。它们涉及"做你想要做的事情"。用经济学语言来描述，这种目标涉及收益最大化（并且避免错失机会）。当我丈夫让马克斯学会爬楼梯时，他是在尝试着给孩子获取一项新技能的机会。

另一方面，说到马克斯学走路，我则采用了防御型焦点。以此为焦点的目标是从安全和危险的角度来思考的。它们涉及履行责任、做一些你觉得"应该要做的事情"。用经济学语言来描述，这种目标涉及损失最小化，竭力保住你手头拥有的东西。我在楼梯口安装防护门，不让马克斯靠近那里时，是在竭力避免损失。在这个案例中，是尽可能防止马克斯严重受伤。

和展示才华与谋求进步目标一样，进取和防御目标也可以是同一个目标，只是用不同的方式思考而已。作为一名教授，我在我的医学预科学生中无数次察觉到这种差异。不难发现，有些学生全力以赴备考，以求考上医学院，因为当医生是他们毕生的梦想（进取型焦点）；而另一些学生更在意的是，如果考不进医学院，他们会让家人和自己失望（防御型焦点）。这两种学生都很努力，一旦失败，他们都会失望至极。不过，他们会以不同的方式来应对。他们将采用不同的方法，往往也会犯不同的错误。一种会因为人们的赞扬而受到激励，而另一种会由于人们的批评而受到鞭策；一种可能过早放弃，而另一种可能不知道什么时候该放弃。

再回想一下你的高中或大学时期的经历，并且努力回忆你在为取得好成绩而奋斗时是怎样的情形。你是不是觉得，拿 A 的成绩是一种成就，一件你梦想着要做到的事情？或者，你是不是觉得，拿 A 的成绩是一种义务，一件你应该做到的事情？你是不是用毕生的精力追求成就和赞美，梦想着摘到星星、登上月球？或者，你是不是忙于履行自己的责任与义务，成为一个人人都可以信赖的人？在大多数情况下，你觉得你是更注重于自己得到些什么，还是更注重于防止失去些什么？

在这一章，你将通过"获得"和"失去"的角度来看待这个世界和你的目标。你将会理解你的选择、感受以及追求目标的方式是怎么形成的。和"谋求进步"与"展示才华"的目标不同，这一次，我不会告诉你哪一种方式比较好。某种程度上，每个人都同时追求进取和防御这两类目标，而每一类目标，都有各自的利弊。由于大多数人都有一个主导的焦点（也就是说，他们习惯于采用某种方式来思考他们自己生活中的目标），所以，这里的诀窍在于能够识别你的焦点，然后做一些最适合你自己的事。不论你追求的是进取型焦点的还是防御型焦点的目标，在这一章，你将了解自己可以做些什么来提高达成目标的概率。

在继续读下去之前，请拿出笔和纸，快速记下你对下面这些问题的回答。记住，一定要做到诚实，这里的答案没有对与错之分。

是什么激励你

尽可能快速地完成这个练习。每次回答只用一两个词。

1. 写下一种你理想中希望自己拥有（或者拥有更多）的品质或性格。

2. 写下一种你感到自己应当拥有（或拥有更多）的品质或性格。

3. 写下另一种理想中的品质。

4. 写下另一种应当拥有的品质。

5. 再写下一种应当拥有的品质。

_____

6. 再写下一种理想中的品质。

_____

7. 最后写一种应当拥有的品质。

_____

8. 最后写一种理想中的品质。

_____

　　大多数人能够十分轻松地写出前几种品质，但到了第三或第四组"理想中的"或者"应当拥有的"品质，那就难得多。你怎么区分自己是进取型还是防御型的思维？哪一种答案你更容易想到？是理想中的品质还是应当拥有的品质？如果理想中的品质转瞬之间便浮现在你的脑海，那么，你习惯于按理想的状况来思考，所以你具有进取型思维。相反，如果应当拥有的品质更容易也更快速地浮现在你的脑海，那么你更多地采用防御型思维。

被爱与保持安全

　　人类，或者更一般的哺乳动物，似乎天生就有满足两种基本需要的渴望：一种是抚育的需要，一种是安全的需要。简单地讲，我们需要被爱，需要保持安全。希金斯坚持认为，追求"进取"与"防御"目标，是为了响应这两种普遍的需要。换句话讲，我们追求进取目标，也就是追求成就与业绩，是为了**得到爱**。如果我能成为自己理想中想要变成的那个人，那么，别人就会因此而佩服我，我的人生便充满着爱和归属感。同样，我们追求"防御"目标，也就是履行责任、避免犯错，是为了**保持安全**。如果我能成为我应该成为的样子，那么，别人就不会对我生气或失望。如果我不犯任何错误，我便可以置身于麻烦之外，过着平和而安全的生活。

正如那首老歌所唱的，幸福的关键是既要"突出积极的"（accentuate the positive）又要"避免消极的"（eliminate the negative）。这也是对"进取"和"防御"目标的简要概括。处在进取模式时，你试图让自己的一生充满各种积极的事物，比如爱、赞美、嘉奖以及其他愉快的事。处在防御模式时，你试图让自己的一生不出现那些消极的事物，比如危险、罪恶、惩罚以及其他痛苦的事。因为我们既希望自己被爱，又想要安全，我们想让积极的事物尽可能多地出现，消极的事物尽可能少地出现，所以，我们终其一生都会追求这两种目标。有时，我们发现自己的处境决定了当时那种特定的目标焦点。例如，与亲密爱人共度良宵通常与寻找爱有关（进取目标），而花一个下午测试防火警报则通常与安全有关（防御目标）。到拉斯维加斯豪赌一场通常是以进取为焦点的目标，因为你去了就是想赢钱，假如你只想避免输钱，可能会只待在家里。另外，去看牙医则常常是以防御为焦点的目标，以竭力防止损失，也就是防止牙齿变坏。一旦你走出牙医的办公室，和进去的时候相比，很少出现多了几颗牙齿的情况（尽管严格意义上说是可能的），通常是少了几颗。

尽管我们有时会同时追求两种目标，但大多数人都有一个主导焦点的目标。我们往往更多地想着被爱，不太想着保持安全，或者更加关注安全，不太在乎被爱。这是为什么呢？最新的证据表明，这里的原因，至少部分地在于父母奖励和惩罚我们的方式。你可能认为，具有进取思维的人们往往获得更多的奖励，具有防御思维的人们则常常受到更多的惩罚，但现实并非如此。实际上，区别在于他们获得褒奖和惩罚的方式。

进取型养育方式的家长在孩子做对事时大张旗鼓地表扬和表达喜爱之情，在孩子做错事时则克制他们对爱的表达。举例来说，当苏西举着成绩 A 的试卷回家时，爸爸妈妈会自豪地夸奖她，说她真的很棒。当她拿着成绩 C 的试卷回家后，爸爸妈妈则会无奈地摇头并且疏远她，从不给她安慰。这样一来，苏西很快就会明白，达到父母的期望，便能得到自己需要的爱，反之则会让父母失望，留下自己独自伤感。她开始把自己的目标看成是得到某些东西的机会，也就是说，得到父母的爱与认可。随着时间的推移，这种观点开始从她父母身上延伸到整个世界，形成了她的世界观，而这个世界，此时在她看来是一个"胜者为王"的世界。

防御型养育方式的家长会在孩子做错事时惩罚他，而孩子做对事的时候，他们给予孩子的奖励是不再惩罚。换句话讲，把事情做对，你就保持安全了。举例来说，当比利拿着成绩 C 的试卷回家后，爸爸妈妈怒气冲天。他们对比利大喊大叫，警告他这种成绩是不被接受的，然后罚他回到自己房间，不给晚饭吃。也许他还会被禁足一段时间。而当他拿着成绩 A 的试卷回家后，爸爸妈妈都不会大声叫喊，比利不但可以吃饭，还有自由。这样一来，比利很快就会明白，如果他做了父母亲认为他应该做的事，生活就会风平浪静、没有麻烦。当他犯了错时，他便会忐忑不安地等着接受惩罚。他开始把自己的目标看成是避免损失的机会，也就是要防止不好的事情发生。随着时间的推移，他的这种观念也从父母身上扩散到外部世界，在他看来，这是一个"安不忘危"的世界。[2]

　　并不是只有家长才影响我们究竟追求的是进取目标还是防御目标。因为西方文化往往珍视独立性并且强调个人的重要性，这里的人们一般会树立进取的目标。美国梦就是进取目标的完美展现，它弘扬树立崇高目标、敢于承担风险、为荣耀而奋斗的精神。相反，东方文化往往珍视人际关系，并且强调个人所属的集体的重要性，比如整个家庭。当这里的人们从集体利益最大化的角度来考虑他们自己以及自己的目标时，他们通常会确立防御型焦点目标。只要参与某个团体运动项目，你便会对此有所感受——当其他人的幸福与快乐有可能受到你的影响时，你感到自己肩负责任。你不想犯任何错误，你想做个任何人都可以信赖的人。这就是防御型焦点。[3]

　　但是，正如我之前提到过的那样，尽管我们大多数人都有一个主导焦点，我们的焦点也可能由于自己每天所处的情形不同而改变。有些目标似乎本身就具有进取或防御的焦点。想要买彩票中大奖或者去加勒比海度假，都是我们许多人理想中希望发生的事。我们很难将其想象成与责任、安全和危险事项有关的目标。假如你中不了彩票大奖、没办法度假，也没什么好担心的。不过，带孩子去接种疫苗则完全是防御型焦点，因为它只与孩子的健康和安全相关，很难被理解为一种成就。接种疫苗这事你无法拿出去跟人吹嘘，也没有人会因此而崇拜你。

　　此时，你可能觉得真的挺有意思（我肯定希望你这样），但与此同时，你可能在想，对目标进行这样一番分析，到底有些什么实际的用处呢？我们的目标焦点是进取型还是防御型，我们把目标看作成就还是责任，为什么会这么重要？真正要回答好这些问题，可能需要我写一整本书来回答。进取型思维和防御型思维之间的差异，在我们生活中的几乎每一个方面都极其重要：它影响着我们做出的决定、选择的方法、对待挫折的态度以及整体的幸福感。但我只能用一章的篇幅回答上面的问题，所以，我会尽量挑选我觉得最有用的东西来阐述。

积极思考（或者，也许不必）

在几章之前，我曾阐述过动力的期望值理论。该理论的主旨是：当我们决定是否追求某个目标时，我们既会被成功的可能性（"期望"部分）所激励，也会被成功的结果有多么令人满意（"价值"部分）所激励。但那个时候，我并没有提到，取决于你的目标焦点，这两个因素所占的权重也略有不同。当你追求一个进取型目标时（也就是说，你想做一件被你看作是成就的事情），那么，你尝试着获得一些东西。而一说到"获得"，你会同时受到高价值以及高成功率的鼓舞。事实上，目标越有价值，你也越在乎实现它的成功率。这是因为，目标的价值更高，通常意味着你得付出更多的时间与精力。如果你竭尽自己的所能去追求目标，成功率也会高一些。

但是，当你追求一个防御型目标时，你在竭力避免损失。这涉及保证安全、避开危险。一个高价值的防御型目标是那种安全至关重要、失败尤其危险的目标。这样一来，目标的价值越高，你越会觉得实现目标是必须的。因此，你也会不那么在乎成功的概率了。这样来想：若你面临一件关系到生与死的事情（也就是终极的防御型目标），你还会在意它成功的概率有多大吗？假如某人身患绝症，有一种治疗方法有可能治愈他的病，却只有百万分之一的成功概率，已经危在旦夕的他，难道不会想尽一切办法去尝试这种治疗方法吗？

　　即使在更普通的日常情形中，我们也发现，采用进取型和防御型这两种思维方式的人在考虑"成功的期望值"时有所不同。例如，在一项研究中，研究者要求大学生评估自己有多大的可能选修某门课程。有些学生被告知，这门课取得好成绩，便可以踏入"优等生联合会"的门槛，这使得这门课程在学术上有价值得多。对那些采用进取型思维的学生来讲，他们选修这门课的决定，几乎完全取决于他们认为自己可以拿到的成绩：认为能够学好的学生最终选修了这门课，认为自己学不好的学生则没有选修。而那些采用防御型思维的学生，课程越有价值，他们越是不太可能根据他们认为可能拿到的成绩来选修这门课。换句话讲，他们把选修这门课看作必要之举，因而认为拿高分的概率到底怎样，已经不那么重要了。他们觉得自己必须去尝试。[4]

保持动力

　　你也许认为，一旦人们确定了某个目标并开始追求它，对成功抱有较高的期望，是所有人保持最强大动力的关键。正因为如此，鼓励应当总是受欢迎的。但实际上并非如此，当你努力去实现你为自己设定的目标时，进取型和防御型的焦点继续以不同的方式影响着人们在此过程中对正反馈（或者负反馈）的反应。

　　当你努力实现一个进取型目标（即试图取得成功或干出成就）时，你拥有的那种动力感觉就像是一种渴望，也就是你真正要为目标的实现而奋斗的热切期盼。可以想见，一方面，这种渴望会因正反馈而进一步提升。换句话讲，你看起来越是有可能成功，你也就变得越发有动力。不断增强的信心能提升你的活力与热忱。另一方面，负反馈会削弱你的渴望。你感到自己有可能失败，便会丧失动力。怀疑自己，好比航行中的帆船一下子失去了风的鼓动。

在追求防御型目标（即寻求安全与保障）时，你拥有的那种动力，感觉起来更像是一种警觉，也就是一种想避开危险的愿望。在响应负反馈的时候或者你怀疑自己的时候，你的警觉程度事实上会提高。再没有什么比察觉到失败与危险的可能性更能让人们进入戒备状态了。

我曾和延斯·弗尔斯特（Jens Förster）、洛兰·陈·伊德松（Lorraine Chen Idson）以及托里·希金斯一同开展一项研究，在研究过程中亲眼见证了两种目标带来的这种差异。[5] 我们让实验参与者玩一个困难的、有多个答案的重排字母顺序拼词的游戏。例如，从 N、E、L、M、O 这几个字母中选出任意字母，以任意顺序来拼词，且不必用上所有字母。例如，我们可以拼出 elm（榆树）、one（一）、mole（痣）、omen（征兆）、lemon（柠檬）、melon（甜瓜）等词。我们告诉所有参与者，表现越好，赚钱越多。但我们控制了他们的目标焦点。为使一部分人进入进取型思维模式，我们宣布，所有参与者都能赚到 4 美元，且得分高于 70 分者将获得 5 美元。而为使另一部分人进入防御型思维模式，我们宣布，得分超过 70 分者将赚到 5 美元，但低于 70 分只能赚得到 4 美元。重要的一点是，两组参与者在得分低于 70 分时都只能获得 4 美元，高于 70 分时都将获得 5 美元。不论是哪一组参与者，目标是相同的，即力争赚 5 美元而不是 4 美元，但他们的目标焦点不同。前一组人的焦点是如何**多赚** 1 美元，而后一组人的焦点是怎样**不损失** 1 美元。前一种情况是得到你想要的 1 美元，后一种情况是避免损失 1 美元。

实验进行到中途，我们向所有参与者提供了成绩反馈，告诉每个人当前的得分是高于 70 分还是低于 70 分。这样一来，我们引领着他们相信自己目前究竟是可能成功还是失败。提供反馈之后，我们让参与者告诉我们，他们自认为有多大的可能达到目标，同时也测量了他们的动力的强弱。两组差异显著的反应出现了。得到正反馈（得分高于 70 分）后，采用进取思维的参与者对成功的期望飙升，动力也明显增强；但采用防御思维的参与者在得知他们自己的分数很高后根本没有改变期望值，而且动力反而减弱了。

得到负反馈（得分低于 70 分）之后，采用进取型思维的实验组成员对成功的期望值以及动力都降低一些，这一点，你也许已经预料到了。但是，在采用防御型思维的参与者中，成功的期望值急剧下降。这些参与者十分肯定他们自己要失败。不过，尽管期望值大幅下滑，或者更确切地说，恰恰因为这种下滑，他们的动力却猛增！所以，下一次当你想要用赞美来鼓励你的采用防御型思维的朋友或同事时，得三思而行。这样做可能有害无益。

在继续讨论之前，花一些时间快速记下你对下面这些问题的回答。同样要记住，一定要做到诚实，这里的答案没有对与错之分。

你擅长达成哪些目标 [6]

请用如下频率标尺回答问题：

1	2	3	4	5
从不会或很少		有时		十分经常

1. 你隔多长时间能做好一件使你"兴奋极了"从而加倍努力的事？
2. 你有多么频繁地遵守父母制定的各项规矩？

3. 你是不是常常能把各种不同的事情做好？

4. 我觉得我在自己的人生道路上取得了一些进步。

5. 在成长路上，你是不是总在避免"逾越界限"，不做父母不允许你做的事？

6. 我总是不够细心，时常让自己陷入麻烦。

计算你的"进取"型成功分数：将1、3、4题的得分累加起来。

计算你的"防御"型成功分数：将2、5、6题的得分累加起来。

乐观主义者与悲观主义者是如何形成的

为什么有些人是乐观主义者呢？一个比较明显的答案是：他们中的有些人有很好的理由乐观。他们过去一直成功地实现了目标，在畅想未来时，之前的成功给予了他们信心。还有，有些人确实格外擅长实现以进取为焦点的目标，另一些人则擅长实现以防御为焦点的目标。你刚刚回答的问题，摘自希金斯和他的同事设计的一次测量实验，该实验专为发现这些差异而设计。它能识别一个人在实现进取或防御型目标方面的成功历史，希金斯将其称为"进取与防御的骄傲"。这两种人都有很好的理由乐观，因此，你可能料想，这两种骄傲都预示着人们更为乐观。不过，要是这么想，你就错了。

成功地追求防御型目标要求我们削弱并抑制乐观情绪，以保持动力。当你需要做到警惕时，不论过去有着多少辉煌的历史，也容不得你自信。有着成功实现防御目标历史的人们似乎从直觉上明白这个道理。我和托里·希金斯曾共同开展一项研究，找来一些分别对进取型和防御型目标的实现感到十分骄傲的参与者，请他们完成一些对乐观情绪与幸福感的测量。我们发现，只有曾经成功实现进取型目标的人们才更有可能具有乐观情绪，而那些成功实现过防御型目标的人虽然也开心地告诉我们他们过去的成功经验，但要他们预测将来的成功时，他们宁愿保持沉默。

　　涉及幸福感时，还出现了一个有意思的差别。我们的测量探索了两种个人的幸福感：一种是积极的自我感觉（"我很棒"），另一种是对熟练与胜任的感觉（"我能把事情做好"）。擅长实现进取型目标的人告诉我们，他们在这两种幸福感上指数都较高，而擅长实现防御型目标的人却觉得自己只在后一种幸福感上指数较高。也就是说，他们承认自己以前做好过很多事，但若是太多地称赞他们自己，他们就显得不那么舒服了。他们似乎觉得，过多的自我欣赏是一种危险，也是一种他们认为自己无力承担的奢侈。他们的这种想法完全正确：如果你在追求某个防御型目标，防御性悲观（defensive pessimism）的策略有着极大的好处。心理学家朱莉·诺勒姆（Julie Norem）在她编写的《消极思考的积极力量》（*The Positive Power of Negative Thinking*）一书中指出：

> 　　防御性悲观比单纯的悲观强大。降低期望值，也就是想象着最终的结果可能不尽如人意，能够启动人们的反思过程，把各种可能的结果在心里预演一遍。[7]

　　防御性悲观者首先想象一切可能出错的事情，使自己更好地做好准备，以解决前进道路上的障碍。在追求防御型目标过程中，防御性悲观还让人产生最高的警觉和最强的动力。

因此，下次你若真想为你那以防御为焦点的朋友加油鼓劲，谨慎选取你举的例子。我们通常用名气大的、有成就的、有冒险精神的且"相信他们自己"的榜样来鼓舞他人，比如迈克尔·乔丹（Michael Jordan）、比尔·盖茨（Bill Gates），还有巴拉克·奥巴马（Barack Obama）。对于具有防御型思维的人，跟他讲一大堆胸怀"我能行"态度的成功榜样，可能会起反作用。例如，在一项研究中，研究者将参与实验的大学生分组，向每一组学生展示了两个不同的榜样。正面的榜样是一个和参与者同专业的近期毕业的学生，他赢得了上研究生院的奖学金，还得到了不少诱人的工作机会，并表示自己"对目前及今后的生活感到非常满意"。负面的例子也是一个和他们同专业的近期毕业的学生，不过境况完全不同。他毕业后没能找到工作，只能靠在快餐馆打工来维持生计。他说："目前我什么都不顺，对今后的日子怎么过也不确定。"

研究者发现，运用进取型思维的学生更容易受到传统的正面榜样的鼓舞，而从防御的角度来看待目标的学生则更多地受到负面例子的启发。这些学生在了解了这个不幸的毕业生的例子以后，在几个星期里加倍努力地准备各种考试、按时完成阅读作业，而且更少拖延。[8] 所以说，虽然有些人会被英雄事迹所激励，但另一些人则会被有说服力的警诫故事所影响。

作家芭芭拉·埃伦瑞奇（Barbara Ehrenreich）在她的优秀作品《面向光明：鼓吹积极思考如何害了美国》（*Bright-Sided: How the Relentless Promotion of Positive Thinking Has Undermined America*）一书中对虚幻的乐观这种美国文化现象进行了尖锐的抨击。她写道："所谓的积极，与我们的情境或情绪没有太多关系，因为它是我们观念的一部分：我们用这种观念来诠释世界，并且认为我们应当依照这种观念来行事。"埃伦瑞奇坚称，人们放弃消极思维（或者甚至说是切合现实的思维），给我们带来了众多的麻烦，比如，大量的人需要处方抗抑郁药，以及次级房贷引发金融危机。她总结道："'警惕的现实主义观点'并不会阻止你对幸福的追求，实际上还能使追求幸福变得可能。如果我们不弄清楚自己身处其中的实际境况，又怎么可能期待它有所改进呢？"

对我们中一些不习惯过多积极思考的人来说，埃伦瑞奇传达的信息令人兴奋，不过也容易让他们感到些许困惑。难道所有那些兜售乐观主义并且鼓吹自信重要性的书都是错的吗？积极思考真的没有好处吗？有时候乐观似乎是件好事，而在另一些时候，它似乎又不顾后果、适得其反。好了，现在你明白进取与防御型目标之间的差别了，便能更好地分辨浩如烟海的自助书籍中的各种建议。一方面，乐观主义确实是件好事，尤其在追求成就、荣誉与巨大利益时。另一方面，悲观的现实主义在确保安全和避免重大损失时极其宝贵。最强大的动力以及因此而来的最卓越的绩效，是将你的观念与手头工作的任务性质匹配起来的结果。

进取、防御与优先性

当你从"成就"或"安全"的视角来看世界时，不同的事物对你来说很重要。你甚至发现，不同类型的产品也很有吸引力。严格地讲，你还会以不同的方式去买东西。例如，心理学家利奥巴·沃思（Lioba Werth）与延斯·弗尔斯特发现，一方面，运用进取型思维的人们往往更喜欢那些被广告描述为奢华或舒适的产品。在一项研究中，运用进取型思维的实验参与者在选购太阳镜和手表时对"时尚耳边饰物"及"时区设置"等特点感到兴奋不已，尽管这些特点很难说得上是必要的，但传递了"酷"或"高端"的感觉。另一方面，运用防御型思维的人深受那些被广告描述为安全、可靠的产品吸引。他们更偏爱"保修期长"的太阳镜以及"腕扣结实"的手表。在另一项研究中，运用防御型思维的参与者更喜欢在广告中打出"老牌企业产品"以及"消费者实验证明：安全可靠"等口号的洗衣机。相反，运用进取型思维的参与者更愿意选择号称"采用当前最新技术"以及"拥有众多新功能"的洗衣机。[9]

重要的是记住，你的焦点是进取还是防御每时每刻都可能改变，你的偏好也不例外，这些都取决于你所处的不同情境。例如，你购买的东西，可以触发某个特定的焦点。若你想买一种防止儿童触碰的有毒的清洁剂，那么，你在做选择的时候将会以防御为焦点，因为这个决定本身是关于安全和危险的。若你想买一把坚固可靠的柜门锁，你不会太在乎它的样子看起来有多么时髦。进取型思维的人可能给自己买辆令人眩目的红色跑车，并且把装备配齐，但一想到给自己那刚成年的孩子买第一辆车时，很可能更多地考虑防抱死制动系统以及安全气囊。

你的焦点和你的感觉

当你为自己确立了目标并且实现了目标时，你的感觉会很好。但是，感觉"好"是一种怎样的情形呢？答案很大程度上取决于你的目标焦点。[10] 当你的目标是成就、收获时，你感到高兴，也就是说，你充满了喜悦、快活、兴奋，或者用普通青少年的语言来形容，就是"爽上天"（totally stoked）。实现某个进取型目标，可以给人带来亢奋的好感觉。实现某个防御目标后的好感觉，则截然不同。若你试图做到安全、得到保障、避免损失时，做到了这些，你会觉得放松，感到平静、自由自在，终于松了口气。这种"好感觉"不那么使人亢奋，但同样感到很值得。

目标焦点还决定了当事实变得糟糕时你的"糟糕"感受是怎样的。实际上，希金斯在设法解释为什么有的人面对失败时会着急，而另一些人在面对失败时会抑郁的时候，首次发现了进取与防御思维之间的差异。你在追求利益或者努力去完成一件对自己至关重要的事时，失败会令你悲伤，使你萎靡不振、郁郁寡欢、垂头丧气。换一个青少年的描述，"雪崩"（totally bummed）。但是，没能实现防御目标则意味着危险，因此，你的自然反应会是一种极其强烈的糟糕感觉，充满焦虑、惊慌失措、紧张万分，并且胆战心惊。你被吓坏了。这两种感觉都不好，但两者之间迥然不同。你摆脱这些不好感觉（或者帮助其他人摆脱）的策略与方法，也会有着天壤之别。

适合你目标焦点的策略

现在，设想你是一个猎人，正隐蔽在深深的丛林之中，等待着毫无防备的小鹿出现。忽然，你听到灌木沙沙作响的声音，看到一个棕色的影子在灌木丛中闪过。由于距离太远，你无法确定那究竟是只鹿，还是一只既无法食用又没有其他价值的动物；还是你看花了眼，根本就没有动物出现，只是一阵风吹过。你得在转瞬之间做出选择：到底开不开枪。取决于你做出的选择，你会得到四种可能的结果：一是你有可能判断正确，前方确实是一只鹿，你开枪击中了它；二是你有可能判断错误，前方并不是鹿，你开枪后，既浪费了子弹，还吓跑了附近的鹿；三是你可能判断正确，没有开枪，因为前方确实不是一只鹿；四是你也可能判断错误，前方确实是鹿，你却没有开枪，因而错过了扛着猎物回家的机会。

心理学家把这些情景叫作信号检测（signal detection），其目的是将"信号"（signal）与"噪声"（noise）成功地区分开来。换言之，你到底看见鹿了，还是没看见？它真的在那儿（这代表信号），还是只是风吹树叶的声音（这代表噪声）？如果你的回答是肯定的且判断正确，这叫作击中（hit，鉴于我自己打猎的历史，这与现实生活中的情形近似）。如果你的答案是肯定的，但判断失误了，这叫作虚报（false alarm）。如果你的回答是否定的且判断正确，这叫作正确拒绝（correct rejection）。如果回答是否定的且判断错误，这叫作漏报（miss）。

我们在追求进取型目标时，对击中的可能性尤为敏感：我们真的想放手一搏。"不入虎穴，焉得虎子"就是十分典型的以进取为焦点的理念。在追求进取型目标的人眼里，再没有什么比漏报（在我们的例子中，鹿真的出现了，猎人却没有开枪）更糟糕了，因为这意味着浪费了击中的机会。因此，进取型思维的人在类似这些情形中习惯于说"是"，也就是说，在我们的例子中，他们会开枪。他们具备心理学家所谓的风险偏好（risky bias）的心理特点，结果，他们最终一方面能够击中更多目标，另一方面也会出现多得多的虚报。的确，他们也许更有可能击中鹿，但同时也更有可能由于乱放枪而吓跑了鹿。

而防御型思维的人则小心谨慎。他们想在射击前确定看到了鹿，而不是冒着犯错的风险。他们真的讨厌虚报，或者不喜欢在冒险之后发现自己错了。因此，在追求防御型目标时，他们往往说

"不"。心理学家称之为风险厌恶（conservative bias）。也就是说，在我们的例子中，他们倾向于不开枪，宁愿等待。他们不会吓到鹿或浪费子弹，但也许更常见的是空手而归。[11]

风险偏好与风险厌恶以各种各样的方式呈现。例如，追求防御型目标的人往往更不愿意一会儿做这件事，一会儿做那件事，而是更喜欢做一成不变的事。他们不愿意"与不熟悉的天使为伍"，宁可"与熟悉的魔鬼做伴"。[12] 这样的保守本质还使得他们和爱冒险的人比起来更少拖延，因为他们担心无法按时完成任务。[13]

在追求进取型目标时，人们感到可以自由地进行更多的探索思考和抽象思考。他们时常进行头脑风暴。他们会想出实现理想的许多种选择及可能性。他们的创造力大为增强。他们尤其擅长挖掘相互联系的主题或者对信息进行综合。在追求防御型目标的过程中，这样的抽象思维和创造性是不计后果并且耗时很长的。如果你想避开危害，就得采取行动。注重防御的思维是具体的。你选定一个计划，然后坚持执行，并且留意每个细节。结果，运用防御型思维的人都善于把握细节，并对看到的事物和仍需完成的事项有更好的记忆。[14]

采取进取与防御这两种思维方式的人们在社交生活中也运用不同的策略。一方面，进取焦点促使我们从获益的角度看待友谊，因而我们会用"热心的"策略努力加深友谊，比如我们支持朋友或者制订计划和朋友一同游玩。另一方面，防御焦点使得我们用"警觉的"策略维持友谊，例如我们和朋友保持联络，以防今后失去联系。这两种思维方式的差别，也在我们的社交出现问题的时候浮现。

我们每个人都曾有过被拒绝或者感到被忽视的伤心经历。有趣的是，你怎样被人们排除在外，可能决定着你是用进取策略还是防御策略来应对。心理学家丹·莫尔登（Dan Molden）和他的同事在开展一项研究时告诉实验参与者，他们能够在网上交到朋友。[15]每位参与者都以为自己是通过计算机和另外两个人网聊（三人聊天室），而实际上，另外两个人就是躲在参与者旁边的小格间里的实验人员。接下来，莫尔登变换了参与者网聊时被排斥的方式：对有的参与者，他们的新网友要么直接拒绝他们，要么忽视他们。在拒绝的情形中，和参与者聊天的网友（实验人员）这样回应他的观点："你是说真的吗？""你一定在开玩笑，对吧？""我搞不懂你这样的人。"在忽视的情形中，另外两个人（实验人员）假装发现和对方是邻居，于是聊得十分投入，把实验参与者完全晾在一边。

莫尔登发现，人们被直接拒绝（也就是明确、主动和直接的社交排斥）后将产生失落感，这种感受导致他们采取聚焦于防御的回应。这些人感到焦虑、对社交场合"退避三舍"，并且为自己说过的话或做过的事感到后悔。当人们被忽略（也就是含蓄、被动、间接、被动的社交排斥）时，他们觉得在收获朋友这个目标上失败了，这是一个错失的机会，使得他们产生了聚焦于进取的回应。他们感到悲伤和沮丧，但也更有可能再次试着参与交谈，同时，他们会为没说的话和没做的事后悔。

运用合适的策略

因此，进取与防御焦点使我们倾向于运用不同策略来追求我们的目标。如果你的目标是进取型的，你更有可能想方设法向前迈进，并且运用风险更大的策略，也就是能让你离目标更近一步、更有可能"击中"的策略。如果你的目标是防御型的，你更有可能采用谨慎、保守的策略，也就是那些预防"虚报"的策略，其中包含的行动，有助于你避免危险的错误。但这并不是全部。因为，确保自己采用了与目标相一致的策略，确实极其重要。

用防御策略来实现防御型目标，用进取策略来实现进取型目标，这样的搭配会进一步提升你的动力。托里·希金斯认为，一般来讲，使用恰当的、与目标最相符的方法来实现目标，能给目标带来额外的价值。也就是要感觉对。正如俗话所说，重要的不是你赢还是输，重要的是怎么玩。"玩得好"，意味着做这件事情的方式让你感觉很好，感觉对。希金斯和他的同事做过几十个实验，结果表明，当我们使目标与策略一致时，采用"感觉对"的策略能使我们更加投入、更加坚韧。[16] 这样的话，我们更有可能成功实现目标并享受其过程。

我和托里·希金斯、艾莉森·贝尔以及奈尔斯·博尔杰（Niles Bolger）一起开展的一项实验，例证了目标与策略匹配的重要性，在实验中，我们观察了采用进取型和防御型两种思维的人在日常生活中怎样应对各种困难。我们让实验参与者连续三周写日记，告诉我们他们是怎样应对一天中最具挑战的事情的。我们还为他们提供了一个与进取焦点对应的策略列表，其中列举的事项包括"我努力寻求其他手段来向着实现目标前进""我专注于做自己喜欢的事"以及"为了弥补在这件事上的不足，我在其他事上努力下功夫，以便做得更好"。防御焦点的应对策略包括"我认真细致地做事，以防再出现任何错误"以及"我那天避免了其他各种不好的事情发生"，等等。

尽管这两种解决问题的方法都可能成功，但我们发现，当参与者运用和他们自己一般的目标焦点相一致的策略来解决问题时，往往明显更开心、烦恼更少。反之，目标与策略不一致，则会导致不开心、烦恼更多。所以当你遇到问题或设定目标时，只采取行动还不够。并不是所有的解决策略都适合每一个人。你需要采取与目标相一致的行动。懂得"进取"与"防御"间的区别，有助于你做出最好的选择，也就是让你"感觉对"的选择。[17]

一个目标的优势是另一个目标的劣势

由于进取型目标与防御型目标引领着我们采用不同的策略，所以有些时候，某类目标比另一类目标更为有效。换句话讲，当我们专注于"进取"或"防御"时，有些事情我们确实更擅长（或者确实不擅长）。

在从事任何一项适度复杂的活动时，比如看书或粉刷房间，都涉及心理学家所谓的**速度与准确性权衡**（speed-accuracy trade-off）。我们做得越快，犯的错就越多。但把速度放慢，则会在其他方面付出代价，特别是在时间宝贵、需要你在匆忙间完成任务的时候。了解到进取型思维的人和防御型思维的人处在"速度与准确性"这一取舍的两个对立端，你应该不会感到惊讶。在追求进取型目标时，我们往往更在意速度，不在乎准确性。若我们刷房子时想的是刷完整个房子，即使有的地方墙漆刷得不均匀，以及地板上掉落了些许涂料，也不在乎。同样的道理，若我看书时没有看懂前面的内容，我会继续看下去，可能到最后自然就懂了，因为我真心想把这本书看完。[18]

不过，当我们的目标是防御型的时，我们更倾向于放慢速度，力求毫无瑕疵地完成任务。当然，这得花很多时间，但这也是采用防御型思维的人愿意付出的代价。一些研究表明，采用防御型思维的读者遇到一个读不懂的段落时，常常会回过头来细细品读，直到完全读懂。他们读得慢，不会放过每一个细节。[19]（有意思的是，研究发现，防御型人士在一种情况下比进取型人士行动更迅速。和后者相比，前者在驾车时将复杂路况视为更危险的局面，因而踩刹车的动作更快。[20]）

还有证据表明，随着时间的推移，这两类焦点会导致迥然不同的成功率。以进取为焦点的目标在短期内使人们充满活力和激情，犹如"打了鸡血"，但不太适合长时间保持这种激情。以防御为焦点的目标则提醒我们，慢热和稳定的发挥，有时候可以赢得比赛。例如，在观察戒烟和减肥计划的成功率的两个实验中，运用进取型思维的人起初半年内获得成功的比例更高，但运用防御型思维的人更能控制自己的情绪，不会因一时的战果而兴高采烈，并且更能在第二年继续保持下去。最佳的策略也许是以进取的心态去逼近艰难的目标，将关注点放在戒烟（或减肥，或找份新工作）给你带来的好处之上，等到你实现了目标，再以防御的心态竭力坚持，以防自己辛辛苦苦得来的成果付之东流。[21]

当你以防御为焦点时，你警惕着麻烦的出现。以防御为焦点使我们对那些令自己偏离目标的障碍尤为敏感，正因为如此，当我们从可能遭受损失的角度来思考目标时，我们更擅于抵抗诱惑与排除干扰。令人惊讶的是，一项研究表明，当我们确实遇到了干扰但却成功地将其排除时，我们实际上更享受追求防御型目标的过程！[22] 在另一项实验中，参与者在做数学题时，实验者用即将上映的电影的预告片和搞笑的动画广告进行干扰，结果，以防御为焦点的人不但比以进取为焦点的人做得更好，而且比没有受到干扰的以防御为焦点的人表现得更好。在追求防御型目标时，诱惑或障碍的存在，反而增强了人们保持警惕的动机，使他们获得更大的成功。

最后再来举个例子，让我们观察进取与防御对谈判艺术的影响。买卖双方在讨价还价时，买家一方面希望自己能以期望的最低价格买下，另一方面也要知道，若自己砍价太猛，谈判可能破裂，卖家扭头离开，因此，买家得在这两个方面保持好平衡。在一项研究中，心理学家亚当·加林斯基（Adam Galinsky）和他的同事将 54 名工商管理硕士（MBA）学生分成 27 个小组，每两人一组，一个扮演买家，另一个扮演卖家，以模拟一家制药厂的并购谈判。[23] "买家"和"卖家"都知道这笔买卖的详情，包括"议价范围"介于 1700 万美元至 2500 万美元这个事实。接下来，加林斯基控制了买家的目标类型。在谈判开始前，他让一半的买家花几分钟时间写下"你在谈判中期望的表现与成果……想一想你可以怎样争取这样的表现、取得这样的成果"，从而让这些买家树立进取型目标。对另一半的买家，他让他们写下"你设法避免的"表现与结果以及"怎样预防"它们，从而让这些买家树立防御型目标。

谈判开始时，每一组都由买家开价。结果，树立了进取型思维的买家的开价比树立了防御型思维的买家的开价低了近 400 万美元。前者愿意冒更大的风险，把价格压得更低，而这种谈判策略也获得了回报。到最后，树立了进取型思维的买家平均以 2124 万美元的价格成交，而树立了防御型思维的买家平均以 2407 万美元的价格成交。为什么会这样？加林斯基认为，进取型目标使谈判者死死盯住他们（理想中）的价格，而防御型目标似乎令谈判者过于担心谈判失败或陷入僵局，从而更倾向于接受不太有利的协议。这是又一件值得我们停下来思考片刻的事情——两位谈判者掌握的信息完全相同，面对的谈判对手也相差无几，然而其中一位却比另一位多支付了近 300 万美元。唯一的区别仅仅是其中一位想着他一定要获得的收益，另一位则想着他必定会蒙受的损失。

　　理解了进取型和防御型目标，我们（以及我们的亲朋好友）所做的大多数事情，便能解释得通了。现在，你也许明白了自己为什么总是乐于冒险，或者总把风险看成瘟疫，避之唯恐不及。你可能清楚地发现自己为什么不习惯过于乐观，或者为什么大家都知道你遇到事情时有着坚定不移的信心。你也知道了为什么有些事情对你来说总是如此艰难，而另一些则那么容易。

　　了解了你的过去，你现在知道怎样充分把握你的未来，也就是欣然接受你的进取或防御型思维，做一些能够增强拼搏动力、帮助实现目标的事情。当别人好心的建议和提醒与你的个人目标相冲突时，你能够更加自在地不予理会。你将懂得，当某件事情"感觉对"时，信任这种感觉并从此以后用它来指引你一路前行，是多么的重要。

要点回顾

◆ **进取是为了有所收获，而防御是为了避免损失。**我在本章里讲到了以进取和防御为焦点的目标的区别。当你的目标以进取为焦点时，你把它看成一种成绩或成就，也就是说，你觉得它是你理想中希望获得的东西。当你的目标以防御为焦点时，你更多地从安全与危险的角度来考虑，也就是说，你感到这个目标是你必须实现的。更一般地讲，进取目标关系到收益最大化，而防御目标则关系到避免损失。

◆ **如果你具有进取思维，乐观精神有利于你。**如果你采用进取型的思维方式或者正在追求以进取为焦点的目标，那么，对自己有信心和积极地思考，能在你实现目标时助你一臂之力。乐观能在你追求进取目标时给予你超强动力，增强你的热情与活力，让你能够克服前进道路上的障碍。

◆ **如果你具有防御思维，乐观精神不利于你。**若你是防御型思维的人，或正在追求防御型目标，过度乐观不是个好主意。自信会减弱动力并削弱警惕性。实际上，一丝丝悲观对你来说也许最为有用，因为再没什么比察觉到失败与危险的可能性更让人警惕了。

◆ **进取目标使人热血沸腾，防御目标令人如释重负。**当我们成功实现进取目标时，我们欢欣鼓舞（"啊哈！我太厉害了"），在失败时则悲伤不已、垂头丧气（"唉，我真是没用"）；当我们成功实现防御目标时，我们往往感到更加平静和放松（"好险，我躲开了子弹"），而没有达到这种目标时，我们则更加焦虑或紧张（"哦不！这下真的麻烦了"）。

◆ **进取目标偏好风险。**进取目标导致了风险偏好。它们使我们对任何事情都说"是"，让我们讨厌错失机会。它们激发我们更强的创造力和探索思维能力。运用进取思维的人爱想新点子、新方式。他们更注重速度，而不太在乎准确性。他们善于谈判，因为他们不怕迈出冒险的第一步。他们放眼全局、把握时机。

◆ **防御目标规避风险。**防御目标会导致风险厌恶，使我们更有可能由于害怕犯错而说"不"。它们使我们不太可能尝试新事物或者使用新方法实现目标，不过它也使我们更好地做出计划，从而避免了拖延。这类人更注重准确性，而不太在乎速度。在诱惑和干扰面前，他们表现得更好。他们不会丢三落四。

◆ **运用合适的策略。**进取与防御都能带来成功，重要的是辨别焦点然后运用与焦点一致的策略去行动。与目标相符的策略不但能带来更大成就，还能让你感觉对，从而使你的成功之路更愉悦，更令人满足。

◆ **研究当时的局面。**记住，即使大多数时候我们要么从进取的角度，要么从防御的角度来看待目标，但有些时候你所处的局面决定你的焦点，聚焦于进取还是防御。所以，你需要随时留意自身所处的局面，并且时常改变你的策略，使之与目标始终一致。

第 5 章

让你幸福的目标

　　今天早晨我大约 5 点起床。我儿子马克斯经常起得很早，所以我也得拖着身体起床，然后煮点咖啡，和他一起坐到沙发上看纽约当地的新闻。今天的新闻报道说，一位名叫德博拉·柯尼希斯贝格尔的女士由于是"金子般的心"（Heart of Gold）组织的创始人，为社会做出了贡献，而荣获"每周纽约客"（New Yorker of the week）的称号。这个慈善机构每年从公众手中募集到数百万美元，为无家可归的母亲和她们的孩子提供食物、衣物及住所，并且送上关怀。他们为母亲和孩子提供职业培训与教育。他们每月还举行派对，资助艺术课程、组织郊游。那些获得面试机会的妈妈们还会得到几套新的职业装。甚至在无家可归的人找到了新的归宿后，该机构仍继续提供支持和抚恤，让他们积极参与"金子般的心"的事务。

　　事实是这样的：很显然，德博拉·柯尼希斯贝格尔是个非常幸福的人，她在发光发热，点亮他人。当纽约一台（NY1）的记者询问她在"金子般的心"这个组织中的工作情况时，你能十分明显地看出，不论工作有多艰苦，需要多少付出，她都会一如既往地投入其中。她双目炯炯有神，脸上笑靥如花。看到她的故事，我立马从沙发上跳了起来。这让我备受鼓舞，不仅因为"金子般的心"这个组织的使命重要，还有得到帮助的母亲、小孩的境况也令人十分感动。看着德博拉·柯尼希斯贝格尔的脸，我暗自思忖："我也想成为像她那样快乐的人。"

目标只要实现了，一般都会带给你至少片刻的快乐。但是，有一种快乐尽管给人愉悦感受，却常常转瞬即逝；另一种快乐则起源于追求某个目标，是一种从头到脚的、持续的温暖与幸福。在我的一生中，我时常体会到这种幸福，你一定也体会过。当我们坠入爱河时，当我们和亲朋好友共度美好时光时，当我们实现了某个个人成长目标时，还有，当我们为需要帮助的人（不论是同事、邻居还是陌生人）无私地奉献时间或慷慨地伸出援手时，我们都会感到由衷的快乐。随着年龄的增长，加上我对自己心理学家和普通人这两重身份的更深入了解，我也做出过一些能带给我这种幸福感的选择。但我一定还能做得更多一些，我觉得你也可以。

建立有意义的人际关系，个人的成长与发展，回馈社会等，这些看起来都是十分可敬的目标，但它们的价值，不仅仅体现在它们的高尚。相反，追求名声、财富与他人的敬仰，确实不太高尚。追求名利是完全可以理解的，并且这已经成为一种普遍现象（尤其在这个真人秀大行其道的时代），但追逐名利真的不怎么让人钦佩。归根结底，这些追求对你并不是太好。只追求外表和财富的人往往很不快乐，即便他们成功地跻身富豪和名人之列。为什么？难道实现目标（不论我们的目标是什么）不应该使我们快乐得只剩下快乐了吗？

实际上并非如此。事实证明，有些目标比其他目标更有益于我们，因为它们满足着人类的基本需要。它们使我们的内心世界更加丰富，提升我们的自我价值感，而不是让我们从他人眼中寻求价值感和认同感。如果你想真正快乐（并且最好是充满激情）的话，不仅目标的内容十分重要，而且它的来源也很重要。你背负着重重压力去报考医学院，是为了实现自己的梦想，还是为了满足父母的期望？你为这个项目努力工作，是因为你自己想把它做好，还是因为它是你老板下达的任务？由于外部压力而追求目标的人，即便那些目标崇高并且有价值，他们也不会全力以赴，表现也差强人意。他们会使用肤浅的策略，而那些策略只能让他们勉强过关。在我的班上，很多学生整个学期从不翻课本，只在考试前一天晚上临时抱佛脚。他们也能及格，但过了几个月，就把那些知识忘得一干二净了。

实现某个目标并不代表一切。从长远的角度看，知道自己要什么以及自己为什么想要，是同等重要的。读完本章后，你将了解你一生中追求过的种种目标是否真的对你有益。你也将明白，包括赢得奖励在内的外界压力有时候究竟怎样剥夺了你与你关心的人的快乐。

我们真的需要什么

纵观心理学这门科学的历史，心理学家热衷于探讨人类基本需要的本质和数目，即所有人类为获得幸福而必然产生并必须被满足的动机。关于这些话题，我们甚至喜欢在酒吧和派对上讨论。（谨慎邀请心理学家参加你的派对哦！）

有些人提出，人类只有少数几种需要，而另一些人认为多达 40 种。尽管争论激烈，但大多数心理学家一致认为，爱德华·德西（Edward Deci）和理查德·瑞安（Richard Ryan）在他们的"自我决定理论"（self-determination theory）[1] 中提出的三种人类天生的需要十分重要。根据这两位心理学家的观点，所有人都寻求**关联感**（relatedness）、**能力感**（competence）与**自主感**（autonomy）。

关联感是一种感到和他人有联系并且受到他人关心的渴望，也就是爱与被爱的渴望。它是我们一生中培养友谊和建立亲密关系的原因；是当我们的某段关系结束时我们感到难过和痛苦的原因；也是我们追求建立某段关系却未能如愿时我们觉得寂寞的原因。正因为我们有关联的需要，我们加入俱乐部、在 Match.com 之类的求偶网站上填写个人资料，并把大量时间花在脸书（Facebook）之类的社交网站上。与社交有关的目标，包括认识新朋友、培养并巩固现有的关系，回报社会等，能够满足你对关联的需要，就像喝水能解渴、吃饭能充饥一样。但是，尽管你吃饭有吃得太多的时候，喝水也有喝得太足的时候，但似乎不存在"太多的关联感"这种情况。我们总是能够从新的关系或者更深的关系中受益，从中感受到更强的关联感。

对能力感的需要涉及你能不能影响周围的环境并且从中获得你想要的东西。智慧是能力的一种，但绝不是唯一的一种。擅长做几乎所有的事情，会使你产生能力感。社交、身体、情绪、艺术、组织和创造等各方面的能力与智力同样重要。对能力感的需要驱使着我们的好奇心（天生的学习动力）也激起我们克服困难后感到的自豪感。这也正是我们总是以自己擅长的事情来定义自己的原因（比如"我很聪明""我很幽默"或者"我是优秀的聆听者"）。那些涉及提高自身能力从而使你有所作为的目标，能够满足你对能力感的需要，它们包括发展技能、学习新事物、实现个人成长等。和关联感一样，对能力感的需要亦没有"过多"一说。你真的永远不会太擅长做哪件事情。

最后一个基本需要是自主感，它涉及自由。具体来讲，它涉及选择和整理你自己的经历。它还涉及你能否按照自己的兴趣或者事情的吸引力来做事，因为你做的那些事情，也多多少少体现了你自己的本性。美国一位总统说过："自主就是让你感觉你是决定者!"自主就是要知道你是棋手而不是棋子。当我们被自己的愿望所鼓舞时，会自主地从事一些源于兴趣的活动而不是被迫执行任务。心理学家称之为**内在动力**（intrinsic motivation）。这是目前为止最好的一种驱动力（后面我还会详细阐述）。人们总是需要他人，或者说，需要擅长于某些事情，听到这样的话，你可能并不感到惊讶，但是，你也许从来都不知道人们究竟有多么渴望自由，或者换一种说法，你可能从来都不知道，一旦人们缺乏自由，他们的快乐将怎样被人剥夺。

我们真的不需要的目标

和我之前提到过的一样，并非所有的目标都能带来持久而真实的满足感和幸福感。这是因为，并非所有目标都能满足我们对关联感、能力感以及自主感的需要。那么，哪些目标能满足这些需要呢？一般而言，涉及建立、支持和强化人际关系的目标都可以；着重于个人成长、体格健康或者自我接受的目标也可以（自我接受即直视你的缺点，即便一时无法纠正，也要正视和接受）；与回报社会以及帮助他人有关的目标同样可以。

　　下面这些目标则无助于给你带来持久的幸福感：追名逐利的目标、寻求权力的目标或者打造光鲜亮丽的公众形象的目标，等等。任何涉及获得他人的认可与肯定或者寻求自我价值的外在体现的目标，都不会给你带来持久的幸福感。纯粹为了赚钱而累积财富，也不会带来真正的幸福（这绝不是说你不应看重钱，而是说，有钱也并不能保证你一定幸福）。但是，如果这些都不能给我们带来真正的幸福，为什么我们还是追求这些目标呢？

　　一个原因是，我们往往以为那些目标可以带来幸福。我们很多人沉浸在"名人和富人麻烦少"的错误幻觉中，事实上，只要仔细一想，就会明白这话说得或许正相反。富人和名人也有数不尽的烦恼。我敢打赌，你每想到一个幸福快乐的、事业成功的名人，就还能想到五个深陷各种瘾性、身处一连串失败的人际关系、显得极度缺乏安全感并且极度自我厌倦的名人。

　　心理学家德西和瑞安认为，当我们对自主感、关联感以及能力感的需要一次又一次受挫后，我们会转而追求这些肤浅的目标，它们是自我价值的外部源头。当我们发现自己被困在被高度控制（剥夺了我们个人自由的感觉）、太具有挑战性（剥夺了我们胜任的感觉）以及被拒绝（剥夺了我们关联的感觉）的局面中时，我们容易转换目标。换言之，当我们面临太大的压力或者我们的选择被人拒绝时，当我们觉得自己什么都做不好时，当我们孤单并且没有和其他人建立有意义的人际关系时，我们会转向那些对我们并不是太好的目标，以此作为一种防御策略。"如果我一生中无法得到我要的爱，那我就要努力赚钱、出名，到那时，自然会有很多人爱我。"这种策略的讽刺与悲剧性在于：对名声、财富和知名度的追求，很大程度上已经注定你无法实现基本的需要。这些其实是替代品，替代的是我们本该追求的目标，它们会让你一直很忙，却无法真正快乐。

这到底是谁的目标

我的侄子哈里森一直爱读书。他的母亲总会看到他蜷缩在书架旁，手捧一本书，津津有味地读某个关于海盗或者巫师的故事。近年来的几个圣诞节，我让他告诉我希望我送什么圣诞礼物时，他列出的礼物清单上一直都有博德斯或巴诺书店的书卡，这样的话，他可以在书店待一个下午，精心挑选新书加入自己的收藏。不过，从去年起，哈里森很少再碰书了，除非迫不得已。讽刺的是，迫不得已的情况时常出现。今年，他的一个五年级老师要求每个学生每天至少阅读30分钟，并让家长签字，以证明阅读作业已完成。我嫂子葆拉注意到，自从老师要求学生必须阅读后，没过多久，哈里森看书时常常不耐烦地抬头看钟，盼着30分钟快点过去。以前，即使没有任何奖励或催促，哈里森也会主动看书，而且一看就是几个钟头，现在，他却焦急地等着阅读时间快点过完，以便做其他事情。在他看来，读书已经成为一种迫不得已的事情。

葆拉跟我讲起这门强制性的阅读作业时，我勃然大怒。我确定他的老师是出于一片好意——显然，我清楚让孩子读书是多么重要（和多么艰难），给孩子留很多阅读作业，是让孩子读书的一种方式。但那样的代价是什么？在这个例子里，代价是牺牲了我侄子自然而然的、发自内心的阅读动力，如果对这种动力进行保护和培育，会使他终生受益。

正如你所见，选择能带来持久幸福感的那类目标，或者选择能带来心理学家马丁·塞利格曼（Martin Seligman）称之为"真实的"幸福的目标，[2]能够产生最强的动力和最大的满足感，除此之外，我们发现，我们为自己选择的目标，同样也能产生最强动力和最大满足感。自己选择的目标会带来我之前提到的一种特殊动力，即内在动力，也就是一种为了事物本身的原因而做事的渴望。当人们的内在动力被激发时，他们更享受做事的过程，他们会觉得一切更有趣味，他们会发现自己更有创造力、更加深入地处理信息，他们在困难面前更加百折不挠，他们表现得更好。内在动力是一种强大的力量，能够激励我们朝着目标迈出第一步并坚持走下去。

每当我们为自己做出选择，内在动力就会进一步增强。实际上，只要感觉像是自己在做主，不论事实是否真的如此，通常也能获得成功。德西和瑞安把人们真正拥有自主权或者只是产生了拥有自主权幻觉的情况称为**自主感支持**（autonomy-supportive）。这个观点对家长、老师、教练、老板以及所有需要给予他人动力的人来说都极为有益，不论那些人的年龄与实际状况如何。例如，在一份针对近 300 名八、九年级学生的研究中，对体育老师的"自主感支持"评价较高的学生（他们赞同类似这样的陈述，"我感觉体育老师给我们提供了选择""我觉得体育老师接受我"）更喜爱运动。他们甚至更有可能用自己的课余时间进行校外运动。[3]相信自己是由于"我自己想去"、由于"我自己做出的选择"而去健身房运动，你便能对运动产生积极的感觉，并且产生个人控制感。如果你对运动的感觉很好，那就可以解释为什么你在课外时间也进行运动了。

研究一再表明，当人们觉得自己有选择并且掌握着自己的命运时，他们会更有动力、更加成功。在一项减肥研究中，肥胖的参与者中有的人觉得减肥中心人员给予了"自主感支持"，还有的人觉得受到了减肥中心员工的控制，结果，前一部分参与者比后一部分参与者减掉了更多体重，并且在接下来的 23 个月内保持得更好。[4] 类似的结果在糖尿病管理以及戒烟研究的参与者中得到体现，[5] 也在戒酒和戒毒计划的患者中得到体现。[6] 甚至当人们觉得自己的新年决心反映了他们自己的个人愿望和价值观时，他们也能更好地坚持下去。[7]

说到激发并维持学生的动力，自主感尤其重要。当老师重点关注学生的需要、询问学生的兴趣爱好并通过提供资源来培养这些兴趣爱好，同时做到灵活又容易接近时，学生会感受到老师的这种"自主感支持"。"自主感支持"型的老师给学生提供了选择，创造了共同决定的机会。他们帮助学生理解并拥护学校的价值观及日程安排。相反，"严加控制"型的老师采用与所学内容无关的激励方式鼓舞孩子学习，比如奖励和惩罚。他们包办了所有的决定，并且很少向学生解释。他们以为学生是教育的被动接受者，只要他们决定教什么，学生就得接受什么。在众多的研究中，心理学家表示，得到了"自主感支持"的学生更有可能继续在校学习、取得更好的成绩、显示出更强的创造性以及不畏挑战的精神，并在课堂里感受到更大的乐趣与愉悦。[8] 当学生对自主的基本需要得到满足时，他们爱学习，学到的东西也多得多。

不过，当自主感需要受到扼制时，完全相反的情形出现了。当学生感到自己被他人管束得太紧时，即使是曾经热爱学习、像我侄子哈里森那样有着内在动力的学生，也会放弃这些追求。并且遗憾的是，在某种程度上，内在动力是脆弱的。这个观点，得到了一项以"奖励对孩子们本能的玩耍动机的影响"为主题的最早研究的证实。心理学家马克·莱佩尔（Mark Lepper）、大卫·格林（David Green）和理查德·尼斯比特（Richard Nisbett）早年观察了一组 3 ～ 5 岁学龄前儿童玩耍的情况，想了解孩子们在自由玩耍时间里隔多久就会从许多玩具中挑选马克笔来画画，以及能坚持画多长时间。接下来，研究者告诉其中的一部分孩子，用马克笔画画，有可能让他们赢得"优秀小玩家"的奖励。不出所料，获得奖励的孩子比没有获得奖励的孩子花了更长时间用马克笔画画。因此，你可能认为奖励是强化动机的好方法，从某种程度上，这样想不无道理。但过了几个星期后，当心理学家回收那些马克笔的时候，真正有趣的事情发生了：没有了奖励，那些曾经获奖的孩子对画画也不再感兴趣了。他们对画画的内在动力被奖励破坏了，马克笔变成了当你能够获得奖励的时候才会想到的玩具。也就是说，从某种意义上讲，他们的行为被奖励控制了。而那些没有获过奖励的孩子一如既往地想画便画、为画而画。他们的内在动力一直保持完好无损，也就是说，马克笔依旧是他们自己选择的玩具。

为了不至于让你觉得奖励总是不好的并且总是破坏人们的动力的，让我来消除你心头的疑虑。有些奖励看起来是可以的，出人意料的奖励以及不与成绩挂钩的奖励都是有效的。因此，当上面实验中的学前班儿童在游戏结束时由于获得了奖励而大感惊喜时，或者当他们不论选择玩什么都能得到奖励时，他们天生的对马克笔的喜爱之情就不会受到损害。一些口头鼓励，如"干得好"或"非常棒"，似乎也不会产生反作用。当然，在人们的内在动机并不是问题时，例如需要完成一个乏味的、耗时的，根本没有乐趣和兴趣可言的任务，奖励仍然是激励人们的一种好方法。

奖励也不是唯一可以破坏内在动力的因素。威胁、监视、最后期限以及其他压力都会破坏内在动力，因为我们会将它们作为控制来体验，而且觉得我们再也无法完全掌握局面。遗憾的是，大多数工作环境充斥着这些破坏因素，仿佛一口一口地吞噬着人们对正在做的事情的个人投入感。给人们一种有选择的感觉并且承认他们的内心体验，可以将这种控制感挽救回来：这些做法使人们感觉自己的行为自己做主，并且将他们的自主权还给了他们。由于奖励、威胁、最后期限以及其他行动导致的后果都是生活中必然存在的，所以，至关重要的是学会如何营造"自主感支持"的环境和保护内在动力。接下来介绍怎么做。

如何营造自主选择的感觉

当人们可以自主选择、自主决定如何行动以及自主决定追求什么样的目标时，他们的内在动力不断增强。不幸的是，我们不可能让每个人在任何时间都做出他们自己的所有选择。有时，你需要别人按照你吩咐的去做。学生需要完成老师布置的作业，员工得完成老板下达的任务。儿童缺乏人生经历、头脑发育不太完全，因此常常需要父母的引导，才能做出最好的决定。怎样才能既不破坏人们可能已经产生了的内在动力，又合理地安排任务并鼓励他们采纳目标？事实证明，真正的自由选择并不是那么的重要，重要的是一种自主选择的感觉。有的选择即使琐碎或虚幻，依然给人们带来自我决定的感觉。幸运的是，自主选择的感觉可以十分轻松地营造。

以心理学家戴安娜·科尔多瓦（Diana Cordova）与马克·莱佩尔开展的一项研究为例，在研究中，他们通过一个学习游戏给孩子们带来了自主选择的感觉。[9] 这种特别的干预措施专门以儿童为对象，因为研究显示，内在动力在三年级到高中阶段会稳步下降。年幼的儿童喜欢学习，而这种天生的对学习的热爱，在整个青春期逐渐减少，直到最后全部消失。所以，想办法阻止甚至逆转这个趋势变得极其重要。为此，科尔多瓦与莱佩尔通过让学生们使用一个以科幻为主题的计算机数学学习程序来研究这个问题。这个程序旨在教学生数学运算的次序（例如 6 + 4 × 5 − 3 = ？这道题怎么算？应该先乘除，后加减）。因此，这个示例与大多数课堂学习一样，要学些什么内容，是研究人员已经为学生们决定好了的，没有给孩子们留下选择的余地。不过，研究人员给其中一些孩子提供了"与教学无关"的选项。在这种"自主选择感觉"情境下，学生们可以在计算机游戏中从四个选项中选择自己的头像。他们不仅可以给自己的宇宙飞船命名，还可以给外星敌人的宇宙飞船命名并为其选择头像。而在"没有选择"的情境下，除了角色的头像和名字是计算机随机选择的之外，每个人玩的都是同样的游戏。

科尔多瓦和莱佩尔发现，学生们在"自主选择感觉"的情境下对游戏的热爱，远远超过"没有选择"情境下对游戏的喜爱，而且，前一部分学生更有可能愿意课后留下来继续玩游戏，即使这意味着占用了他们宝贵的休息时间。感到自己可以自主选择的学生，哪怕这些选择与学习内容毫不相干，在游戏中也运用了更讲究策略的方法，并且在随后的学习内容检测中亦取得了明显高得多的分数。他们在报告自身能力的时候表现出更强的自信，并且说自己希望这个游戏将来能够改版，改得更具挑战性一些。营造自主选择的感觉，哪怕这些选择没有意义，也可以满足我们对自主感的需要，培育我们的内在动力，创造更好的体验以及卓越得多的绩效。

营造自主选择的感觉并不是增强动力的唯一方法。事实上，有证据显示，满足自主感的需要，对个人的心理健康至关重要。这一观点的最佳例证也许是心理学家埃伦·兰格（Ellen Langer）和朱迪·罗丁（Judy Rodin）在 20 世纪 70 年代早期进行的一项标志性研究。[10] 兰格和罗丁认为，老年公寓中老年人的精神及身体健康之所以急剧恶化，至少部分的原因是他们居住在一个完全"无须决定"的环境里。那个时候，大多数老年公寓里的老年人每天的活动基本上都没有选择。从他们的一日三餐到休闲活动，甚至连个人卫生及室内卫生的保持等，都由老年公寓一手安排并由专人来做，无须老人过问或动手。即使在那些对老人精心照料、关怀无微不至的老年公寓里，老人缺乏自主选择的现象也很明显。

兰格和罗丁设计的干预很简单。他们让老年公寓召集一部分老人开会，院长宣布老人们从现在开始可以自由摆放室内物品，可以从许许多多的活动中自由选择怎么度过一天的时光，而且可以向工作人员投诉和提建议。公寓还允许老人选择养一盆植物并且完全自行照顾，公寓的护工不会提供帮助。院长强调说，这些都是每一位老人的选择和自由。

严格地讲，实验中的对照组的成员其实也有同样的选择，但实验者在向老人们描述那些选择的时候，换成了"允许"而不是"自由选择"（比如，院长会说，"允许你们探望其他楼层的人"而不是"只要你们愿意，可以探望其他楼层的人"）。实验者提醒对照组里的老人说，老年公寓的护工会尽最大的努力为他们创造好的生活条件，而且护工们觉得让老人开心是他们的责任。老人们听到的是"请让我们知道，我们该如何帮助您"而不是"请让我们知道，你想改变些什么"。老年公寓的护工会给老人养的花草浇水，老人则得不到这个机会。

这项实验的结果是戏剧性的。有"自主选择感觉"组的老年人比"没有选择"组的老年人感到更加快乐和更加主动。护工对前一组老人的评价是这些老人头脑更加清醒，而且精神及身体状况均得到改善，而"没有选择"组的老人的健康水平退步了。有"自主选择感觉"组的老人花更多时间探望其他老人和非老年公寓的居民，也和护工交谈甚欢。过了 18 个月后，当实验者再来观察时，护工评价"自主选择感觉"组的老人"更幸福、更有好奇心、更爱社交、更主动，也更精神"。最显著的结果也许是：在这 18 个月内，"自主选择感觉"组的老人死亡率为 15%，而"没有选择"组的老人死亡率为 30%。只是让老人自己动手浇花、自己决定房间的家具怎么摆放，以及自己选择玩宾果游戏还是看电影，他们的死亡率就降低了一半！正如我之前所说，我们大多数人都低估了选择的自由对我们身心健康和幸福感发挥的巨大作用，但无论如何，我们都能感受到没有选择的自由所带来的后果。

如何把别人规定的目标转化为自己的目标

当你向别人交代他们要实现的目标时，给他们一种选择的感觉和自主权，还有另外一个极大的好处，那便是：这是使他们把你规定的任务最终转化为他们的个人目标的最佳途径。心理学家称这个过程为**内化**（internalization）。当人们把外在的规定和要求转化成内在价值观所认同的事情时，内化便发生了。孩子们接受父母灌输的理想和建议并将其作为自己的奋斗目标，也是内化的过程；我小的时候常常把一脚的泥巴带进屋子，弄得房间里到处都是脏脚印，因而被我母亲大声责骂，如今，当我自己的女儿像我当年那样弄脏房间地板时，我对她也是一番呵斥。这也是内化的体现。在长大成人的过程中，我逐渐把母亲对整洁干净的推崇以及保持屋子清洁的目标内化了。（嗯，我并没有完全达到母亲的标准。但她是德国人，在我和德国人打交道的经历中，德国人的整洁度完全是另一个高度。在我家，即使你把食物不小心掉落到任何一件物品的表面，都可以捡起来再放到嘴里，不过，母亲不允许我们到餐桌以外的地方吃东西。在上大学前，我甚至都不知道灰尘长什么样子。抱歉，我跑题了。）

只有我们的基本需要得到了支持，才能助推内化。当我们体会到与他人（不论是我们的父母、朋友还是老板）的关联时，内化出现了。内化过程还要求你觉得自己有能力胜任被内化的价值观，也就是你可以达到的某些标准。我的整洁标准不如我母亲的高，主要原因也许是我实际上觉得自己根本做不到那样（我怀疑这其中有某种"魔法"）。当我们能够理解价值观背后的道理时（换句话讲，当别人向我们解释目标为什么如此重要时），我们的关联感和能力感会极大增强。理解对于内化绝对至关重要。过多的控制与施压会破坏这个过程，剥夺个人的自主感觉，继而使人们把达到目标仅仅当成不得不完成的任务。在我的示例中，我母亲不但细致地向我解释整洁的重要性（包括经常说起"别人会怎么想"），还让我自己动手清理自己的房间。能使屋子保持干净整洁是一件让我引以为豪的事情，因为这是我自己的劳动果实，渐渐地，清理房间不再与母亲有关，而变成了我自己的要求。

这重要吗？我跟你打赌，一定重要。显然，如果某个目标被内化，你将获得内在动力增强带来的各种好处（也就是创造力、更深入的分析能力、更卓越的绩效、更大的乐趣以及更强的工作渴望）。作为监管者，你还能避免提供奖励、施加惩罚或者持续监控等带来的麻烦。但内化还有另外一个重要的好处，那便是：当我们真心拥抱自己设立的目标时，可以带来更多的幸福感和快乐感。在这方面，理查德·瑞安和他的同事一起开展的一项研究，是个有意思的例子。在研究实验中，他们询问不同基督教派的人隔多久举行一次宗教活动，例如去教堂或者祷告等。[11] 他们还问实验参与者为什么做这些事情。瑞安发现，那些出于内化原因举行宗教活动的人心理更健康，而那些出于外在原因这样做的人，则没有出现心理更健康的情况。因此，宗教活动本身并不会增大你的幸福感，除非你真心想做。

关于自主感，我还想多说一句，因为我认为，人们很容易把自主与独立混为一谈，或者更糟糕的是，还把自主和自私相混淆。满足人类对自主的需要，和自己包揽一切或者忽略其他人的感受，并不是同一回事。如果自主意味着与他人完全隔离，不在乎自己以外的任何人，那会威胁到你对归属感的需要，而这是一个与自主感同样重要的基本需要。自主感涉及意志力、真实性与选择权的感觉。它指的是相信自己是事情的主导者，认为你的行为反映了你的信念与价值观。同时，这根本不会和人与人之间的相互依存相冲突，你仍然可以感受到和他人之间的相互联系、相互关怀以及相互合作。和家人、团队确立的共同目标，或者为他人利益而追求的目标，同样也是你真实的个人目标。实际上，这类目标也许比你追求的其他目标能带给你更大的快乐。

要点回顾

◆ **人类有三种基本的需要。**并非所有目标都能带来持久的快乐与幸福，即使你已经成功地实现了它。能满足人类对关联感、能力感与自主感这三种基本需要的目标，才能带给我们快乐与幸福。

◆ **关联感增强人际关系。**通过追求建立和巩固人际关系或者回馈社会等目标，你对关联感的需要就会得到满足。你设立了类似这样的人生目标吗？

◆ **能力感发展新的技能。**通过追求与个人成长、从经验中学习以及发展新技能有关的目标，你对能力感的需要就会得到满足。你追求的目标能满足这个需要吗？

◆ **自主感体现你的热情。**通过追求与你的兴趣爱好、个人天性及核心价值观一致的目标，你对自主感的需要就会得到满足。你在大多数时间里追求的目标，与这里形容的目标一致吗？你在做你想做的事吗？

◆ **闪光的不全是金子。**只是追求对自我价值的外部肯定的目标，比如追求受欢迎度、名声、财富等的目标，不但不会使你真正快乐，还会干扰你对的确有益于你幸福快乐的目标的追求，从而降低你的幸福感。如果你有一些类似这样的人生目标，是时候放下它们了。

◆ **内在动力点燃最大的激情。**自由选择的目标能够创造内在动力，也就是一种通往更大乐趣、更久耐力、更强创造力以及更优异绩效的动力。但是，所有我们体会为控制的东西，包括奖励、惩罚、最后期限以及过多的监视等，都可能破坏这种动力。当你试图激励别人时，请万分谨慎地运用正确的激励方式。

◆ **自主感激发动力。**当我们感到拥有自主感支持的环境时，便保护甚至修复了内在动力。当我们觉得内在体验获得人们的认可并且拥有选择时，哪怕这种选择是不重要的或者虚幻的，我们对自主感的需要就能得到满足，动力和幸福感也随之增强。在给孩子、学生或员工布置任务时，尝试着引入这些因素。这也是帮助他人将目标内化的最好办法，因为最大的成就来源于我们最终觉得属于我们自己的目标。

第 6 章

选择适合自己的目标

在前面的几章里，你了解了人们追求的各种目标。现在，你可以运用自己对不同目标的了解来决定哪些目标自己应当采纳，哪些目标应当让你的员工、学生或孩子采纳（或者，也许只是鼓励他们去追求）。但是，可以选择的目标实在是种类繁多，你可能发觉自己不知该从何下手。应该选择进取型还是防御型目标？展示才华型还是谋求进步型目标？该用"为什么"的方式还是"是什么"的方式思考？

在下定决心之前，考虑清楚你正努力实现怎样的成就很有帮助。你是不是面临一个格外艰巨的挑战？克服这个挑战需要你持之以恒吗？成功是不是意味着抵抗诱惑或者做出牺牲？对你来说，享受奋斗的过程与达到目标同样重要吗？你需要富有创造力吗？必须迅速投入工作吗？必须完美无缺地工作吗？遗憾的是，没有哪一个目标能适用于所有情形。每一种目标都有着各自的优势与劣势。选择正确的目标，意味着找到最适合你的特定情境的目标。这个选择至关重要，因为它是成功的诸多关键之一。

在这一章，我会指出实现目标时我们发觉自己身处的几种最常见处境。对于每个问题或挑战，你将找到有助于解决它们的最合适目标。

当你觉得不费吹灰之力时

坦白讲，我们给自己确定的有些目标并不难实现。也许你需要执行的任务本身就相对简单和容易，或者，至少对你来说是既简单又容易：你在此之前已经做过，并且清楚地知道自己必须做些什么。或者，可能你已经拥有了实现目标所需的能力。当实现目标意味着做一件简单的、直接的或熟悉的事情时，也许采用展示能力型的绩效目标对你最为有益。正如我在第 3 章中提到的那样，有机会展示你自己多么聪明、多有才华，或者多么能干，能带给人极其强大的动力，特别是涉及奖励时。感觉有某件重要的事情迫在眉睫，而做好这件事情要取决于你的表现有多么优异时，你会产生十足的精力和饱满的热情，这恰好是你要把你最拿手的事做到最好时所需的状态。

另一个实现相对容易目标的方法是从以进取为焦点的角度来思考目标。仅仅知道任务简单，能给我们一种自信与乐观的感觉，而进取型目标在我们有信心取得成功的时候最能激励人。（相反，在这种情况下，要避免采用防御型目标。当你进入防御型思维模式时，过度自信会导致冷漠。）若想使你的目标以进取为焦点，问一问你自己，实现了这个目标后，你能从中获得什么。你获得的东西，又怎样与你的希望、梦想与抱负相联系？

当你需要鞭策时

你是否有过这样的感觉：你确实有一个自己真正想实现的目标，但不知怎么，就是没法让自己有足够的动力开始行动起来？光阴似箭、日月如梭，几天、几星期、几个月时间飞逝而过，但你和目标的距离似乎始终没有拉近。这种经历十分普遍。例如，我成年以后，大部分时间都想着定期锻炼身体，但我的情况与这种现象十分吻合。我真的想锻炼，可偏偏从未锻炼过。（嗯，直到最近，我才开始真正投入锻炼。我改变了方法，后面我还会讲到的。）进步就是没有出现，原因很多。我们看待目标的某些方式有可能导致激情不足和更有可能拖延，而另一些方式则不然。

点燃你身上的热情的一种方式是经常采用"为什么"的方式思考。回顾第 1 章，你了解了我们可以怎样看待我们追求的目标，要么从"为什么"做这件事的角度思考，要么从做这件事的具体步骤到底"是什么"的角度思考。更经常地锻炼身体这个目标，可以看作是"希望变得更健康和更有魅力"（从"为什么"的角度），也可以看作是"一周去三次健身房，在跑步机上慢跑"（从"是什么"的角度）。研究显示，从"为什么"的角度思考目标，使人产生强大得多的激情和活力，而且我们不难理解这其中的原因。当我们从宏观的视角来观察目标时，我们会记得为什么实现这些目标如此重要。

防止拖延的另一种方法是在设立目标时采用以防御为焦点的目标。我知道，这听上去似乎不是很有意思，但是，再没有什么比认真思考失败可能带来的可怕后果更好的方法了。运用防御型思维的人们几乎从不拖延，如果久拖不决，会使他们陷入疯狂。他们的想法是：摆脱危险的唯一方式便是立即采取行动。因此，如果你的问题是拖延，试着想一想若你失败后可能失去的一切。我知道，这样的想法让人们有点不高兴，但伟大的成就确实需要付出代价。

当前路十分坎坷时

很多原因导致目标难以实现。有时，你进入了全新的、生疏的、从未接触过的领域，如第一次当父母或者在新的行业工作。或者，你手头的任务也许极具挑战性或者极为复杂，如经营自己的公司或者进行艰巨的谈判。也许在你实现目标的道路上有很多无法预见或避免的障碍。例如，减肥人士每天面对着似乎随处可见的高热量食物的诱惑。（是不是每家公司都会有那么一个坚持把自己烤的饼干、蛋糕带到公司会议室里来吃的人？我觉得这无异于一种酷刑。）

有些时候，最终能够实现目标的关键是在失败后百折不挠。在做某件事情时，假如失败好比家常便饭，成功犹如一种意外，那就尤其需要你百折不挠，才能获得成功。想一想演员在他们的演艺生涯中经历的一切。即便是知名演员，也曾经历和遭受过很多次的拒绝与负面评论。然而，不知道为什么，成功人士总能在跌倒后爬起来，拍拍身上的灰尘，继续义无反顾地前行。政治家也有落选的时候，发明家可能做出无法运转的小玩意，律师有时会输掉官司，医生即使拼尽全力也无法救活每一位病人的生命。几乎所有的成功人士都能对你讲出一两个他们在黑暗日子里经历的故事。好消息是，当你努力实现困难的目标（不论它们出于什么原因而难以实现）时，或者学着在失败面前百折不挠地继续奋斗时，你可以做一些事情帮助自己渡过难关。

　　首先，你应当将自己想要实现的目标**具体化**。回顾第 1 章，我曾讲过，最能激发动力的目标是那些具有挑战性（但还是能够成功）且清晰确切的目标。和"减肥"这样的目标相比，"减掉四五千克"的目标更好，因为你将清楚地知道自己是否实现了目标，若是没有实现，还差多远。当我们设立的目标太过模糊时，容易让自己蒙混过关，尤其当目标很难实现并且需要付出艰苦努力时。

　　其次，将"为什么"的思维转换成"是什么"的思维，也许能让你受益。严格地从"我需要做什么从而实现目标？"的字面意思来理解并思考，对每个正在努力实现困难目标的人都有极大的帮助。将关注点始终放在需要采取的具体行动上，能使你更加高效且更加出色地解决好困难。

　　容易的目标给我们带来乐观和自信，相反，困难的目标常让我们开始怀疑自己的能力以及我们取得成功的概率。在怀疑的时候，最好为自己确定一个以防御为焦点的目标。我们在追求防御型目标时，悲观情绪实际上能赐予我们力量。感觉事情好像不那么顺利，将激起我们的警觉，增强我们不惜一切代价实现目标的动力。当我们想着自己如果达不到目标可能失去什么，而不是想着达到目标可能得到什么时，即使面临真正艰难的目标，我们轻易放弃的可能性也会小得多。

　　到目前为止，说到解决困难，我最喜欢的一条建议是一定要从谋求进步而不是展示能力的角度来思考目标。回顾第 3 章，当我们把关注点放在个人成长与发展上，放在事情的进展而不是证明自己上的时候，便能更加优雅地面对困难。我们往往把挫折看作是有助于个人成长的标志，而不是看作个人失败的象征。我们不太担心成功的可能性，因为我们知道，即使永远都做不到完美，我们也一定会进步（毕竟，进步就是我们的目标）。

我的第一个孩子是女儿安妮卡，她刚出生时，初为人母的我一定是以"展示能力"为目标。当然，我看了很多育儿书籍，也看了许多育儿节目。作为心理学家，我对"安全型依恋"的形成了解得十分透彻，也知道许多关于"应答式育儿"的知识。我本来想成为"世界上最伟大的母亲"，希望把育儿的方方面面都做得完美无瑕。嗯，不错。

但现实犹如一记当头棒喝，令人震惊。从一开始，安妮卡就被家人称作"爱挑剔宝贝"（不过，有人告诉我，如今一种更官方且更正确的叫法是"高需求宝宝"）。从出生直到一岁半，她每天除了吃饭和（不太经常）睡觉以外，一直都在尖叫。由于我把自己的目标确定为"做世界上最伟大的母亲"，因此把她的种种需求和过激反应都看成是我身为母亲的无能与失败。所有这些，我都怪自己。我的心情每天都在焦虑和抑郁中来回波动。我梦见自己钻进车里，将油门一脚踩到底，向着夕阳冲去，以逃脱所有这些混乱和对自身能力的严重怀疑。

接下来，事情出现了转机。恰在绝望的边缘，我蜷在卫生间的角落里，诚实地剖析自己，结果意识到，我在这方面的想法彻头彻尾地错了，因为我的目标从一开始就是错的。（原来，尽管我也是心理学家，但我们在自己遇到问题时有可能反应非常愚钝——这真的不是一点点尴尬。）没有人是完美的父母，而且，认为每个人都可以在育儿这个方面完成好所有复杂且艰巨的任务并且把每一件事情都做对，是一种愚蠢的想法。每个孩子都是不同的，当你迎接一个新生命来到这个世界时，不可能预料到你将来不得不处理的各种事情。

所以我卸下了包袱，决定接受我不是什么都懂而且也不可能把什么事情都做对的事实。我把我的目标从"展现能力"转变为"谋求进步"。我不再证明我是"世界上最伟大的母亲"，我的目标变成了"在妈妈这个角色中谋求进步"，并且努力学习满足女儿的需要时所需的各种技能，也磨练着我的耐心。在学习的过程中，我的沮丧心情和焦虑情绪也减轻了。

我觉得，如今的我跟刚开始时相比，是个称职得多的母亲。我无疑更有耐心了，每次出现状况，我不再觉得天要塌了。根据我丈夫的说法，如今的我活得开心得多。我把自己关在浴室里的时间也少得多。与此同时，我女儿也从一个非常难以伺候的宝宝变成了一个可爱的、友善的、相对容易照顾的小女孩。我不知道她的转变多大程度上归因于我改变了育儿的目标，或者这种转变只是由于正常的儿童发育。但是，无论我的改变是否有助于她的转变，对我来说，生活确实完全不同了。

当你无法抗拒诱惑时

不管是实现什么样的值得追求的目标，都意味着必须抵抗诱惑。要想在考试中取得好成绩，意味着要埋头苦读，抵抗看电视或者和朋友一起玩的诱惑。要想在职场中获得晋升，意味着要给人留下好印象，并且抑制住想骂老板是蠢货的冲动。有些目标，比如戒烟或减肥，很大程度上涉及抗拒某些诱惑，如甜甜圈或万宝路的诱惑。

抗拒诱惑很难。它通常需要大量的自制力（在本书后面的内容中，我会再次讲到自制力），而我们大多数人在这方面都需要很多帮助。因此，不论什么时候，尽可能选择那些更能帮助我们抵抗诱惑和干扰的目标，是个好主意。

首先，这又是一个该从"为什么"的视角而不是从"是什么"的视角思考的例子。如我第 1 章中提到过的那样，想一想你为什么追求某个特定目标，也就是说，提醒自己从大局着眼，可以极大地帮助你抵抗诱惑。喝下一杯草莓奶昔给我们带来的好处（主要是一种转瞬即逝的美好感觉），和变得健康并且更有魅力等这些好处相比，立马黯然失色。你越是多从自己为什么减肥的角度想一想，便越容易坚持下去。

让你的目标以防御为焦点，也是增强对诱惑的抵抗力的一种绝佳方式。如我在第 4 章提到的那样，当我们把关注点放在避免损失而不是获得利益时，我们不只是能在诱惑和干扰面前做得更好，实际上，我们似乎还能效率倍增——采用防御型思维的人在有诱惑和干扰的时候反而比没有的时候表现更好。我知道这听上去很怪，让你觉得这根本不可能，但事实的确如此。当你从防御的视角来思考时，诱惑和干扰会使你感到自己得更加警惕。当以防御为焦点的节食减肥者看到满满一推车极具诱惑的点心时，往往会把这看成是一大堆危险物品，仿佛它们是一个个"糖衣炮弹"。它们强有力地提醒着这些人，减肥随时有可能失败，于是，看到甜点，最后反而增强了他们坚持节食减肥的动力。

你可能注意到，人们似乎总在第一次心脏病发作之后才开始更加认真地对待健康问题。美国前总统克林顿在做了心脏搭桥手术之后，便很少出现在麦当劳附近了，而这个时候，他的身体看起来从来没有这么好过。我父亲尽管没有患过心脏病，最近也下决心戒了烟，决定更加认真地对待健康问题，因为就在戒烟前不久，他尝试过跑步，结果发现自己只跑了几个街区就累得上气不接下气。克林顿在薯条面前表现出的软弱意志和我爸爸对吸烟的嗜好明显都消失了。当这两人不得不面对向诱惑妥协而带来的可怕后果时，快餐和香烟的吸引力也就急剧下降了。一般来讲，经历过健康危机或者其他可怕的事情之后，我们的目标焦点将变成防御型。只要我们继续坚持这种焦点，就能轻松战胜诱惑。

当你本该昨天做完时

有些时候，你真的需要快速完成工作。有些时候，任务的数量比质量重要。可能你的屋子现在一团糟，而同事会在 10 分钟内到你家来玩；也许今晚就是圣诞夜，而你还没有为你打算送礼物的人买好礼物；或许你还没开始写明天要交的读书报告，而这本要读的书有 400 多页，你却一个字都没读过。你意识到自己需要速度，那么该选择什么目标呢？

答案很简单（不过，真正做起来却可能不容易），那便是给你的目标一个进取型焦点。很多研究显示，当人们把关注点放在追求最大收益而不是避免损失时，便会加快动作来响应。他们工作更迅速，冒着更大的风险，一目十行地读书，只看重点、略过细节。他们也许会时不时地出点小错，但拿得出成绩，而且速度快。

当你需要完美地完成任务时

另一方面，有的时候你必须把事情做对。你不在乎花多长时间，只要做对了就行。如果是这种情况，你要给你的目标一个防御型焦点。当人们用一定会造成损失的视角来思考目标时，他们会放慢速度，以免出错。他们谨小慎微地工作，避免风险，并且采用保险的方法。他们会认真读每一个单词，常常把句子读了一遍又一遍，确保不会遗漏些什么。他们也许让你等的时间长一些，但任务完成得完美无缺。

（一段离题的话：当我把这一章内容拿给我母亲看时，她读到人们等到最后一分钟才收拾屋子或者匆匆忙忙买圣诞礼物的例子时，几乎惊恐发作了。要知道，我母亲也许是这个地球上最彻头彻尾的具有防御型思维的人。她甚至建议我换一些例子，因为她觉得"没有人真的会那样做"。）

当你需要创意像流水般动起来时

你想要获得鼓舞的时候，哪种目标最适合你？你想要"头脑风暴"的时候，想要提出新奇而大胆的创意并跳出束缚思维的条条框框时，哪种目标又最合适你呢？如果你听说，若给你一个以进取为焦点的目标，便能强化你的创造力，你应该不会感到惊讶。想一想你可能的收获，别去想可能的损失，可以激发出你的乐观精神，让你更多地采用抽象思维、更深入地处理信息，并且愿意承担风险。以上的每一条，都能点燃你的创造热情、促进创新思维。

因此，我们自己为自己提出的目标，也就是满足我们对自主感的基本需要的目标，同样也能激发创意。一方面，与自主选择的目标相关联的内在动力（也就是我们出于某件事情本身的原因去做这件事的热切渴望），和更大的创造力与自发性息息相关，内在动力越强，创造力与自发性越强。另一方面，当我们觉得自己受到太多控制时，我们的抽象思维或者创造思维的能力往往也会减弱。时间压力、惩罚、监控，甚至过于沉浸在可能的回报之中，都可能严重影响到人们的创造过程。

有的人似乎天生就明白这些，于是尽最大的努力保护自己创造的激情。以前，我的研究生班上的一位同学在读本科时拿到了心理学专业和创意写作专业的双学位。他将自己的空余时间都用在写诗和参加写作课程上了。在我看来，他对诗词的爱好远超心理学。但最后，他成了一位心理学家，而不是诗人。一天，我问他为什么选择当心理医生而不是诗人。他说他希望可以一直热爱写诗，但他知道，一旦自己以写诗为生，他的兴趣和天赋终将遭到毁灭。为了让自己的爱好免受截稿时限、公众舆论等强制性影响的打击，他选择成为一名心理学家。诗词则依然是他真正自我选择的追求。

当你想欣赏沿路景色时

如果达到目标的过程完全是迫不得已的，那么，仅仅成功真的就够了吗？有时候，达到目标意味着做一些让我们觉得紧张、不愉快或者乏味的事情。在学校，几乎所有成绩好的学生都必须读很多书，但并非每个这些学生都真正喜欢读书。在公司，许多最优秀的员工可能实际上讨厌每天上班。在家里，几乎每一位家长都爱自己的孩子，但做家长这件事总是比想象中的难得多。但是，我们本不必这样的……如果你选择的目标会使你的旅途更有乐趣、更加欣喜、更引人入胜，你真的不必这样。

如果你想让自己实现目标的旅程更加有趣，试着把关注点放在谋求进步而不是展示才华之上。大量的研究表明，那些追求着学习、成长和发展技能等目标的人，如果是学生，则更喜欢他们的课程；如果是员工，则更热爱他们的工作；而且，一般来讲，他们更享受自己的生活。我在第 3 章中提到过一项对大学一年级化学课上的学生进行的研究。那些侧重于关注获取知识（而不是炫耀他们的能力）的学生觉得化学更有趣，并且发现这门课程更加刺激和令人愉快。我们惊讶地发现，这种谋求进步的目标产生的效应，与学生之前的成绩完全无关。换句话讲，不论心怀这种目标的学生成绩如何，他们都更爱学化学。谋求进步的目标能帮助我们从体验中得到最大的收获，不论他们的成绩到底怎样。

一般来讲，自主选择的目标比别人赋予的目标有意思得多，也令人快乐得多。诸如奖励和惩罚之类的控制性影响，会把我们的注意力转移到目标以外的其他因素之上，从而降低我们对目标的投入感。如果你过于关注年度评估，便很难喜欢你的工作。当你受到原本一片好意的父母的逼迫而上音乐培训班时，则不太可能欣赏自己演奏的音乐的美。大多数体育项目不可缺少的要素是上场比赛，但当比赛的压力变成你身上沉重的负担，当教练只关注赢得比赛时，参加比赛可能变得"压力山大"，而不是成为愉悦感与自豪感的源泉。为了让自己在实现目标的过程中感受到最大的快乐，你得尽一切可能选择真正属于你自己的目标。

当你想要真正的快乐时

说起动力，并不是条条大路都通罗马。即使你已经实现了目标，也并非所有的目标都能让你的人生充满我们每个人都想要的满足与幸福。许多人以为，说到幸福，首先要取得成功，成功最为重要。实际上，我们身边到处都是极其成功却活得很不幸福的人。这是因为他们追求的目标并不能满足人类的基本需要，也就是关联感、能力感和自主感这三种需要。

记住，选择那些涉及建立并培育人际关系的目标，便满足了我们对关联感的需要，同时，追求那些聚焦于个人成长的目标，便能满足我们对能力感的需要（凑巧的是，谋求进步的目标是满足这种需要的理想目标）。若是你每次都追求你自己选择的目标，你对自主感的需要也将得到满足，因为这种目标和你有关，符合你的兴趣、你的能力和你珍视的价值观。

我们不要去追求那些只求赢得他人认可的目标，例如追名逐利的、赢得威望或者巨额财富的目标。不管什么时候，假如你让别人或其他的事情来决定你自己的自我价值，都是一个坏主意。即便你能实现这些目标，你所获得的幸福也都只是过眼云烟，因为你最真切的需要并没有得到满足。实际上，追求这些目标反而让我们更痛苦，因为它夺走了我们本该追求的一切。

若是和学龄前儿童相处一段时间，你会发现他们不太在意自己是否出名或受欢迎，而且，他们对金钱的兴趣，只表现在有时候想把它们吞到肚子里去。那么他们在乎什么呢？他们在乎监护人是不是关心他们并和他们一起玩（关联感）；他们在乎学着做某些事情，比如学走路、学爬行、学着玩游戏（能力感）；他们还十分在乎能做他们想做的事（自主感）。众所周知，企图对学步儿童加以控制，是件十分困难的事，因为他们勇猛地捍卫着自己的自主权。每每听到人们说起"儿童的智慧"，我发现自己很烦，因为说实话，我们成年人其实比儿童聪明多了。例如，我起码不会把硬币含在嘴里。但我也得承认，从动力的角度来讲，孩子们对它的理解是完全正确的。他们追求能够满足真正需要的目标，不会费尽心力地去追求做不到的目标。这至少部分解释了为什么儿童总是比我们成年人快乐得多。

要点回顾

记住，只要有可能，一定要选择那些与你正在着手完成的具体任务更相符的目标。

◆ **事情容易时，选择展示才华的目标。**专心致志地展示你的能力，并且全心全意地实现进取型目标，将关注点放在你一旦成功后可能获得的好处上。

◆ **当你似乎无从下手时，选择宏观思考。**提醒自己为什么目标对你重要。此外，选择防御型目标，将关注点放在一旦失败后你可能面临的损失上。

◆ **事情困难（或者不熟悉）时，选择具体的目标。**考虑细节，思考自己实现目标到底得做些什么。选择防御型、谋求进步的目标，把注意力从完美的表现转移到进步上。

◆ **面临诱惑时，从"为什么"的角度考虑你的目标。**同时选择着重避免损失的防御型目标，有助于你抵抗诱惑，即使面对的是那些最强大的诱惑。

◆ **如果你需要快速实现目标，选择聚焦于收益的进取型目标。**

◆ **如果你需要准确实现目标，选择聚焦于止损的防御型目标。**

◆ **如果你需要创造性，选择进取型目标。**你还应当确保目标是真正由你自己选择的。自主的感受能激发创造力。

◆ 如果你想让实现目标的过程饶有趣味，选择谋求进步的目标，同时也是自主的、自己选择的目标。当我们把关注点放在谋求进步（而不是展示才华）上，并且有着很强的内在动力时，我们会让自己更快乐。

◆ 如果你想拥有真正的、持久的幸福，选择满足关联感、能力感和自主感这三个基本需要的目标。不要太过关注名声、威望和财富，因为那样的话，即使你能获得你想要的，它们也不会让你长时间感到幸福。

第 7 章

帮助他人设立最佳目标

到现在为止，这本书向你提出的建议一直都是关于怎样为你自己选择可能的最佳目标，使你既能最大限度取得成功，又能最大限度感到幸福。不过，有的时候，你需要改变的并不是你自己的目标，而是别人的。如果你是一位经理、教练、老师或父母，那么，你的部分职责是激励别人。你得为别人的幸福负责，或者，最起码要为他们的工作效率负责。你要帮助他们设立最佳目标，引领他们取得最大的成就（可能同时还要有益于整个团队或公司）。当然，这说起来容易，做起来却难得多。

我们大多数人都抵触别人直接为我们确定的目标。假如告诉某个学生应该把更多精力放在学习本身，而不是放在证明自己有多聪明（顺便说一下，我真的这样跟学生说过），她会说，她学到的东西最终还是体现在分数上，所以不得不关注自己的成绩，这也是恰如其分的想法。假如你告诉某位员工应当把工作看成是个人成长的机会而不只是挣钱的机会，但是等你一转身离开，他也许就将你所谓的"个人成长"抛到九霄云外了。

让别人改变目标是件难事，不过幸运的是，社会心理学家很擅长处理这样的难事。因为我们要改变别人的目标——为了真正研究不同目标的作用，我们得在实验室里控制不同的目标，并且看看发生了什么。好消息是，在实验室里管用的方法，在课堂上、办公室里、运动场上和你家餐桌前，也同样奏效。在这一章中，你将学会怎样以鼓励采纳某个目标的方式来和员工、学生和孩子交谈。你通过提供信号与暗示，将他们的注意力导向正确的动机，而这通常是下意识的。我会告诉你我自己在课堂中进行过的目标干预研究的成果，你将看到这些技巧既是多么简单易行，又是如此效果显著。

直接方法

大多数经理和领导者需要经常给别人指派目标，这是他们的任务之一，但这项任务并非那么令人羡慕。各公司都有自己的规划，想让公司成功，员工得支持那些规划。老师们也得费尽心思鼓舞学生学习，所学知识往往是学区、州政府和联邦政府要求学生学的（如果可能，甚至还要学更多）。尽管这种直接的方式（也就是简单地告诉某人，他或她的目标应该是什么）是有问题的，但也无法完全避免。所以，当你在给员工或学生指派目标的时候，如何才能促使他们接受呢？我们要怎样使别人采纳我们告诉他们应当采纳的目标，并且让他们保持奋斗的动力呢？毕竟，如果只是你觉得好的目标，并不意味着他们也觉得好。

你可以运用几种方法来提高他人对目标的接受度。试着使员工或学生觉得他们拥有**个人控制**的空间，因为这样的话，能够恢复他们对被指定目标的自主感，在他们刚刚听到指定目标时，自主感就已经减小了。首先，人们喜欢拥有选择余地，哪怕只能二选一，毕竟也是个选择。其次，若目标是预先确定的，你也可以让他们自由选择实现目标的方式，这样也能给他们带来"选择感"。例如，在我教的社会心理学课程中，学生们除了考试成绩好以外，再没有别的选择了。因此，这个目标由我来定，但我会让他们选择考试的形式，要么做多项选择题，要么写论文。这就使学生能根据自己的偏好和能力选择适合自己的形式，从而在实现目标的过程中有一定的自主权。当人们在工作和学习中能够选择时，他们不仅会受到更强的激励，还能进一步减少他们的压力和焦虑感，因为他们对自身所处的局面有更强的控制感。

让人们参与决策，不论决策的内容有关目标还是达到目标的方式，不仅可以给人以拥有选择权的感受，还可以帮他们理解目标背后的原因。为什么这个目标值得追求？为什么它重要？我怎样做才能从中受益？记住，人们只有感到实现目标的确有价值时，才会产生为目标奋斗的动力。当这种价值被他们内化时，你基本上不用担心别人不愿积极主动参与和全心全意付出了。

遗憾的是，共同决策有时候并不现实，你得想其他办法来提高别人的积极性。在这种情况下，**订立契约**是很有效的替代方法。契约是明确的、通常为书面形式的行为约定，其规定的行为具有目标导向性。它们是公开的承诺，有时还需要签字。即使最初的动力较弱，公开地做出承诺这个行动，也会使目标升值。说到底，没有人希望兑现不了自己的承诺。兑现不了承诺令人窘迫，会让人觉得自己靠不住。订立契约的方式可以有效提高人们达到既定目标的动力——许多研究已经证明了这一点，包括涉及戒毒、减肥、戒烟甚至夫妻关系和谐等课题的研究。没错，就连正在吵闹的夫妻，也可以学会用书面约定来更有效地约束他们自己。

最近我看了几期《减肥达人》（*The Biggest Loser*）节目，其中的几个场景是公开承诺产生激励的好例子。如果你没看过这个节目，让我简单介绍下。这是一个减肥比赛，每位肥胖症患者都配有私人教练，还必须执行严格的饮食计划。每周减重最少的人将被淘汰出局。说得轻描淡写一点，这些选手每周进行的训练简直是种折磨。节目一开始，选手就要承诺自己要减重多少，工作人员告诉选手可以吃多少、需要做什么运动、要燃烧多少卡路里。怎样才能激励这些多年来连仰卧起坐都不愿做的人每天运动 6 个小时呢？答案在于，很大程度上，选手一旦入选《减肥达人》节目，就要不惜一切代价地减肥，并且让自己在节目中保住一席之地，因为选手们知道，上百万观众会根据他们能不能在摄像机面前兑现曾经对公众许下的承诺来评判他们。公开承诺能够极为有效地增强动力，凡是看了这节目的人，都能证明这一点。

然而，鉴于这种契约的性质，等到节目结束后，有些之前参赛的选手体重就开始反弹了，这也是可以想见的。一旦摄像机和训练师消失，契约也终止了，所以，除非追求健康成为选手们自己选择的、已经真正内化于心的目标，否则，保持健康的承诺会随着时间的推移而消散。

运用提示信号

回顾第 2 章，我曾说过，我们追求目标，大部分都是在潜意识中进行的。换句话说，我们不会停下来想："我现在正在努力实现目标。"我们会直接去做。如果某个目标在潜意识中被触发，我们会付诸行动，通常自己从来没有意识到那个目标已经被触发了。

目标是被环境中的提示信号触发的，而提示信号可以是能够提醒你记住目标的任何事情。毕竟，潜意识是你很好的同伴：它持续运行，留意身边发生的一切，而且和你的有意识思维相比，能记录更多内容。与成绩有关的字眼（比如赢、收获、成功、竞争等）、遇到某个成绩优异的人，甚至只要想到时常鞭策你前进的父母，都能触发在考试中取得好成绩的目标。甚至拿起一只 2B 铅笔（这是所有标准化测试规定的书写工具），有时都能触发这样目标。

在一项探究平常的物品如何触发目标的研究之中，研究者指示参与者对羞辱了他们的某个人进行电击。当旁边桌子上放着一把枪时，参与者电击的时间较长，电击的时候用的电压也较高；当桌上放的是羽毛球拍时，电击的时间较短，使用的电压也较低。他们完全没有意识到那把枪影响了自己的行为（顺便说一下，参与者并不是真正在电击他人，其实根本没电——但他们以为这是真正的电击，这也是很重要的一点）。因此，仅仅与某件武器同处在一个房间，就能触发更具攻击性的目标，而如果这样的事情也发生在你身上，你当时不可能意识到这点。我知道，看到某个物品就能产生这样的影响，听上去很奇怪，但这真的时常会发生。

在第 2 章中，我还向你们建议过，在你周围环境中尽可能多地布满有助于你实现目标的提示信号。现在，你也可以把这个建议用在别人身上。你给孩子、学生或员工提供提示信号，他们的动力就会随之涌现。

运用什么样的提示信号呢？说一些合适的词语是很好的开始。

在一项实验里，心理学家塔尼娅·沙特朗（Tanya Chartrand）和她的同事们让参与者玩拼词游戏，结果发现，那些接触了"节俭"或"名贵"类型词语的参与者分别被激发了追求节俭或追求奢华的目标。[1]接着，实验者让接触过词汇的参与者从同样是 6 美元的袜子里做出选择，要么选择一双汤米·希尔费格（全球知名品牌）的，要么选择三双恒适（超市品牌）的。那些接触"名贵"类词汇的人中，超过 60% 的人选择了汤米品牌，而接触了"节俭"类词汇的人，只有 20% 选择了这个品牌。同样的规律在人们下意识地接触奢侈品牌（蒂梵尼、尼曼、诺德斯特龙）或者节俭的品牌（沃尔玛、凯马特、一元店）时也得以呈现。所以，如果你的爱人也像我丈夫那样把钱抠得紧紧的，而你打算软化他，想让他给你买个贵重物品，你可以带他从高档商品店门前路过几次，从而触发与高消费更加匹配的目标。小贴士：不要过多地使用这一招。当你和爱人第 5 次没有明显理由就漫步到麦迪逊大道时，他可能开始心存怀疑了。

词汇和品牌只是小部分的提示信号。达到目标的手段或者是采取行动的机会，都能触发目标。健身房映入眼帘，能激发人们锻炼身体的目标；走进农贸市场，会使人想吃本地的新鲜果蔬，以过上更健康的生活；瞥见计算机，可能触发开始工作的目标（或玩游戏，或在社交网络上发帖——全都取决于你平时用计算机来做什么）。真的，能够触发目标的事物无所不在。如果你想有效运用提示信号，请记住两点忠告。第一，请确定这个提示信号对你和别人来说有着同样的意义。我常听到家长为给孩子购买昂贵的新计算机辩解，说："我们觉得买了它能使孩子更愿意做功课。"计算机买回家后，孩子很有可能在上面什么都做，就是不做功课。

第二，要记住，你只能激发别人认为积极的目标。换句话讲，你不能设下几个提示信号，就期待着别人会去做他们认为无意义、有害或不道德的事情。成就的提示信号，只有当别人觉得那是件好事时，才会奏效。如果你爱人的价值观里没有"节俭"二字，无论你带他从一元店门口经过多少次，也不可能控制他的支出。

图画在这里，请选框架

实验心理学家控制目标最常用的方式之一是利用框架效应。每当人们有机会做某件事时，他们会问自己（常常是下意识的）："这是哪一种机会？是关于什么的？"我们会跟演员一样，想知道"我的动机是什么？"在现实生活中，你通常需要自己思考这个问题，但在一次心理学实验中，我们通过框架效应为你们提供了答案。我们基本上就是给参与者介绍一项任务，然后以一种能够引出特定目标的方式来探讨该任务。

例如，托里·希金斯和他的同事常常通过给参与者一些事情来做，然后告诉他们"做好能得到什么"（进取框架）以及"做不好将失去什么"（防御框架）的方法，创造一个进取型或防御型的目标。你也可以运用同样的方式来制造"框架"，给别人分配一项任务，然后让他们列出确保把事情做好的策略（进取框架）或者确保不出差错的策略（防御框架），以此来框定他们的思维模式。

在我的研究中，我通常告诉参与者，他们从事的活动（拼词、猜谜、做数学题等）都是"学习宝贵技能的机会"，他们也将"随着时间的推移而进步"，用这种方式为他们制造**谋求进步**的思维框架。展示才华型思维框架明显容易设定：只需告诉他们，他们的成绩会被拿来做比较或者将反映某种重要能力（如创造力、智力、运动能力）。不论什么时候，当我们感觉到自己将被人们评判时，大多数人都将快速确定展示才华的思维框架。

事实证明，人们怎样评判我们，也能影响我们所采用的思维框架。心理学家露丝·巴特勒发现，当我们的成绩被人拿去和别人比较时，我们会采用展示才华的思维框架；但是，当我们的绩效与任务的要求或者我们自己的个人进步相关联时，我们会把这当成谋求进步的机会。在巴特勒的一项研究中，她要求初中男女生做 10 道推理题，并告诉其中一部分学生，他们的成绩将和其他同学的成绩进行百分比排名（例如，90% 意味着比 90% 的学生成绩好），同时告诉另一部分学生，成绩则是根据自己的过往实际情况来计算的，比如成绩总体持平、进步或退步。在开始前，巴特勒要求学生们描述他们自己确定的完成这些推理题的目标。结果，那些相信自己的成绩与同学的成绩进行排名的学生，更赞同类似于"我想展示我的高水平"和"我要避免做不出或做错这些题目的情况"等表述。而成绩是根据自己过往的实际情况来计算的学生，则更同意类似于"我要锻炼我的大脑"和"我要提高解决问题的能力"等表述。（实际上，只有谋求进步组的成员的成绩有明显进步。此外，与展示才华组的成员相比，谋求进步组的成员还报告说，对解答题目的过程更加享受。）所以，仅仅是知道自己的表现将被某种方式衡量，就能提供一个"框架"。它将告诉你这项任务是关于什么的，到底是和别人竞争还是取得进步。而相应的目标会自然而然地随之产生。

请注意，心理学家在运用这些技巧时，从不会说"你的目标应当是"。"框架效应"的技巧比这微妙得多，它能为人们自行采纳的目标提供成熟的条件，同时不会让人觉得有压力、受控制，因此有效地避免简单地指定目标带来的所有问题。

目标感染

和普通感冒一样，目标也明显富有传染力。心理学家发现，对潜意识目标的最有力触发因素，莫过于看到别人也在追求某个目标。你甚至不必认识那个人，只要你觉得他以及他的目标是积极的就够了。没有吸引力的人和目标，是差劲的触发因素。

我们成立了一个研究项目，以帮助大学生更多地聚焦个人成长、更少地着眼证明自己。在其中的几个实验里，我运用了目标感染的方式。这种"进展干预"很有必要。研究表明，在一个学期中的每一天，多达半数的大学生抑郁到需要专业人士提供帮助的地步。在美国高等教育的历史中，现在的学生空前地将关注点放在成绩和表现上，而不太注重知识的获取，也不重视从做学问和做人的角度提升自我。我们为他们感到绝望而难过：为了冲在前头，他们连命都可以不要。而那些不这样做的人，往往彻底放弃了。大学的辍学率高得惊人。年轻人真的需要把关注点更多地放在谋求进步而不是展示才华上。

遗憾的是，直接告诉学生应该把大学的经历当作学习的机会，几乎毫无意义，会遇到学生们惊人的阻力。毕竟学生们十分清楚他们的成绩会用分数来体现，而这些成绩又会带来严重的影响。你在评估学生的同时，却又由于他们过于重视成绩而责骂他们，你只会看起来、听上去并让人感觉十分伪善。那我们能做什么呢？首先，可以试着让他们接触某个以谋求进步为目标的人，然后等着这个人将目标传染给学生。

好消息是，这种传染的速度很快。我第一次尝试这个方法，是在利哈伊大学，在我的一位同事执教的课堂上进行的，他教的是初级心理学课程。在我的干预型实验中，我让 30 名学生（他们是干预组的参与者）填写一堆调查问卷。问卷的中间夹杂了三位著名心理学家的三篇简要的传记故事。每个故事都强调勤奋工作、坚忍不拔以及求知渴望在心理学家成功路上的重要性（突出了谋求进步的目标）。这是我编写的其中一个故事：

> 1870 年 2 月 7 日，阿尔弗雷德·阿德勒（Alfred Adler）在奥地利维也纳出生。在许多方面，他对当代心理疗法背后的理念以及对心理疾病的认识做出了极大贡献。他着重从整体的角度看人，而不是把人看成是一系列欲望和本能的集合体，因而改变了心理学理论的本质。有趣的是，阿德勒的学术生涯一开始并不被人看好。他童年时代有过一段经历，至今仍让他记忆犹新，他喜欢把这些告诉学习有困难的孩子们。原来，曾有一位老师让阿德勒的父亲把他领回去，找个鞋匠做学徒，因为老师觉得，他无论如何也无法毕业。他对学校没有兴趣，数学不及格。当时的阿德勒下定决心让老师对他刮目相看：在短时间内，他的数学成绩跃居全班第一，而且，他对学习的投入再也没有动摇过。

在这篇简短的传记里，阿德勒被形容为一个随着时间而推移不断进步的人。他早年的学习生涯根本谈不上给人留下印象，事实上还很糟糕，他甚至被认为无药可救。但是，阿德勒通过坚定的意志和不懈的努力，最终成为心理学史上最重要的人物之一，他也成为谋求进步目标的绝佳案例。阿德勒若是追求展示才华的目标，很可能会同意老师的话，认为自己缺乏成功的能力，然后耗尽一生去补鞋子，而不是修补人们受到困扰的心灵。

让我们回到研究中。另外 30 名学生（他们是对照组的参与者）拿到了同样的问卷，但其中并没有夹带著名心理学家的故事。一个学期结束后，我发现干预组的学生不但更加注重谋求进步，还实实在在地拿到了更好的成绩：比对照组学生的成绩好了三分之一还多（也就是说，两者之间的差距相当于 B + 与 A − 的差距）。

接下来，我在利哈伊大学的普通化学课上采用同样的方法做了实验（唯一的差别就是把著名心理学家的故事换成著名化学家的故事）。这里是我用来作为例子的传记：

> 欧内斯特·卢瑟福（Ernest Rutherford）出生在新西兰，有 11 个兄弟姐妹，他的家庭相对贫穷。尽管他出身贫寒，但最终被誉为世界上最杰出的思想家之一。他对化学的贡献包括开展基础研究，以引领人们了解放射性原理和发现原子结构（固体核外加按轨道运行的电子壳层，有悖于当时被普遍认同的约瑟夫·汤姆逊发现的"葡萄干蛋糕"模型）。另外，他的许多学生（包含尼尔斯·玻尔、汉斯·盖革、罗伯特·奥本海默）后来也成为诺贝尔化学奖得主。讽刺的是，卢瑟福在他的职业生涯中的第一次尝试便失败了，他在新西兰申请教师职位时，曾三次被拒绝。他在化学领域的成功姗姗来迟或者说来之不易，他获得的奖学金也都是因为第一名的获得者无法领奖，才轮得到老是拿第二（或更低名次）的他。卢瑟

福最大的财富也许不在于他的智力,而在于他顽强拼搏的精神和坚定不移的决心,这些使他能够克服作为一名化学家在漫长职业生涯中遇到的重重障碍与困难。

我又一次在以谋求进步为目标的干预组中发现了令人不可思议的改变。他们说,他们觉得化学更有趣了。他们的学习动力更强,对自己的化学能力也更加自信了。他们更可能寻求帮助,不太可能认为化学能力是天生或固定的。他们更专注于谋求进步而不是展示能力,而且他们的学习成绩提高了。"谋求进步"组学生每次考试成绩都在提高,而对照组学生的表现与其相反。"谋求进步"组的期末考试平均成绩比对照组高 10%——整整一个分数档。

最近,我把"目标感染"实验从一堂课扩展到学生的整个大学生涯。教育心理学的最新研究显示,大学生涯学业上的和社交上的适应程度,是决定了学生去留的关键。当他们觉得对周围事物能有所控制时,便不会辍学。在我的研究中,我想了解的是,一点点的"进步型目标的感染"是否能影响学生们遇到困难时适应困难的能力。我再次用了小传的方式,只不过,这次用的例子是那些专注于"谋求进步"目标从而在跌宕起伏中成功适应的利哈伊大学学生。这里有一个例子:

> 艾伦来自印第安纳州的一个小镇,是个年轻女孩。虽然她对自己横跨整个美国去上大学感到兴奋不已,但刚到大学不久,她便觉得力不从心。像大多数大一学生那样,她不习惯自己动手做饭、付账单、洗衣服。在家乡,她仿佛认识每一个人,而到了新环境里,看到的都是陌生面孔。一说到学习,总有那么多功课摆在她面前。

教授规定几天之内就要读完一整本书。开学的第一个月内，就有好几次考试，另外还要准备几篇论文。在前几个星期，艾伦不止一次产生了收拾行李打道回府的冲动，但她并没有这么做。随着时间的推移，她学会了提前制订计划、安排学习和照顾自己的时间。她发现，只要坚持做下去，这些事情都变得越来越容易。一年下来，她在班上不再落后于人，生活也变得井井有条。当然，有时候事情太多太繁杂，艾伦依然感到压力很大，但她意识到这是每个人的必经之路，只要不断尝试，就没有做不成的事。

我把这些故事发给利哈伊大学的一些一年级新生，再到春季学期的时候核实他们的学习状况以及是否被谋求进步的目标所影响。看到那些数据时，我在实验室里手舞足蹈了整整10分钟。原来我意识到，实验干预组的成员在他们的结果报告中不但更多地以谋求进步为目标，而且还比对比组的成员在学习上和社交上更加适应学校的生活。他们不大可能相信在校表现取决于天生的能力。他们更相信努力的价值，更加自信，而且总成绩也更优秀。

如何运用"目标感染"来引导你的孩子、学生或员工去追求你希望他们达到的目标呢？你可以从寻找榜样开始，也就是说，跟他们讲述那些追求同样目标的人的故事，并且尽可能用他们认识并佩服的人。尽管这不是必需的（我觉得，化学系学生的屋子里不一定都得贴着卢瑟福的画像），但的确能提高"感染力"。当然，你也可以以身作则追求同样的目标，那你便成了榜样。身为家长、老师、教练或经理，你处在理想的位置来启发他人并帮助他人构建目标，即使他们从来都不会意识到这种影响究竟是如何发生的。

要点回顾

◆ **使目标个人化**。当你不得不给他人指派任务时，试着为他人提供尽可能多的选择去实现目标。拥有个人选择的感觉，很能给人带来动力。另外，参与选择的过程，能使人更加了解为什么这个目标值得追求，这正是增强人们投入感的绝好方式。

◆ **以公开方式承诺**。当个人没有选择的余地时，试着订立契约。让人公开为目标做出承诺，能增强他们的动力——没有人喜欢违背诺言。但要记住，这种方式只在契约有效期内生效。一旦过了这个期限，动力便会随之削弱，除非目标已经被"内化"。

◆ **运用正确的触发因素**。我们追求的很多目标都是在潜意识中被触发的，但我们甚至都没有察觉到自己正在为目标的实现而努力。你几乎可以用任何事物（甚至一些说过的话或者实际的物品）来触发别人潜意识中的目标，只要对方能把事物与目标联系起来。

◆ **框定思维模式**。仔细地为一个情景设定框架，能够重塑人们对它的认知，并能影响人们采纳的目标。当我们面临改进的机会时，会采用谋求进步的思维框架；当我们被别人拿来与他人比较时，会采用展示才华的思维框架。有机会收获，能激发进取型目标；有可能失败，会激发防御型目标。框定任务的所有内容，能使他人自然地采纳合适的目标。

◆ **让目标感染他人**。目标具有高度的感染力。每当我们看到别人追逐某个目标时，都会获得强大的暗示，在潜意识中触发同样的目标。你可以有效地利用这个现象，用合适的榜样（包括你自己！）以使目标感染他人，只要你选取的榜样对别人来讲也是正面的形象。

第三部分

行动起来

第8章

扫除障碍

假设你现在选择了最适合自己的目标，并且在设立目标的时候做好了我在本书的前面部分建议你做的所有事情，使自己的动力和决心最大化。那么，到目前为止，你是不是应该完全地相信自己一定能成功？嗯，不完全如此。你还是有可能无法实现目标，这是因为，你依然可能犯很多也许会降低成功概率的错误。

大多数人认为，我们可能犯下的最常见错误是不知道实现目标应当采取的正确行为，但其实并不是这样。首席执行官（CEO）的战略规划之所以失败，通常不是因为没有人知道如何去执行；学生在考试中不及格，往往也不是因为他们不懂得应该勤奋学习和做好家庭作业的道理；你家里十几岁小孩的房间之所以乱成一团，并非因为他不知道如何打扫。

问题大多数时候出在完成任务时需要执行行动这一步。我们没能抓住转瞬即逝的机会，是因为我们太忙了，以至于没有发现；

我们运用了与目标的性质并不十分相符的策略；我们允许其他目标和诱惑干扰了当前目标；我们拖延了，我们失去信心了，我们过早地放弃了。

在本章中，我会详细讲述实现目标的道路上常见的陷阱，也会告诉你它们为什么会出现。不用怀疑，你能在你过去的经历中找到似曾相识的情况，并且有可能更加清楚地了解了未来将会面临的挑战。但是，仅仅知道哪里可能会出错还不够，我们还得知道如何应对。正因为如此，我会一步步地讲解应对常见破坏因素的方法。

把握当前时机

我怀疑是不是所有看这本书的读者实际上都需要别人教他们，达到目标必须下定决心。我们都知道，如果没有做好事情的动机、没有严肃认真的意向，可能什么事也做不成。然而，也许让你感到惊奇的是，强烈的决心也几乎不可能像你认为的那样能保证目标的实现。意图的确很重要（你必须很想成功才能成功），但这只占了成功实现目标的可变因素中的 20% ~ 30%。这还是委婉的说法：我们辛勤地付出，却有 70% ~ 80% 的可能会半路遇到各种意想不到的情况。我不知道通往地狱的路上是不是也这样，但失败的道路一定都是用良好的意图铺就的。也就是说，我们一定不会想着要让自己失败，但是我们却失败了。

我们可能犯下许多不同的错误，但让我们陷入麻烦境地的最常见错误是错过及时行动的机会。想象你自己早晨起床，吃完早点，送完孩子上学。你抬头看钟，发现离上班时间还有 20 分钟。怎样安排这段时间？你可以采用许多种方式来安排，在这 20 分钟之内实现很多不同的目标。可以做一做运动、付清账单、整理衣柜或回个电话。也可以查收电子邮件、打扫房屋或叠一叠衣服。那你到底该把时间分配给哪个目标呢？可能并不容易做出选择，因为这些事情对你都很重要。于是你考虑一番之后，确定了一个目标，然后开始思考实现目标的方式。你是要出门散步、做仰卧起坐，还是跟着 DVD 光碟做瑜伽来达到锻炼的目标呢？你是要收拾厨房台面上的碗筷、洗刷马桶还是收拾散落满屋的玩具来达到打扫屋子的目标呢？等到你下定了决心之后，一半时间已经过去了。此刻，你也许会告诉自己："算了吧，时间不够了。"然后一屁股坐到沙发上，看几分钟的早间新闻。

整整一天下来，不管你有没有意识到，你有各种机会来为实现目标而行动。你时时刻刻都在做选择（同样，不论你是否意识到这点）。但我们要权衡的目标实在太多，我们的注意力又那么容易被分散，所以总是错失机会。这已经不再让人觉得惊讶了。在这种情况下，我该对哪种目标采取行动？这种情况下适合追求该目标吗？我应该采取什么行动？我感觉想做的事情是什么？我们很难迅速决定执行目标的时间、地点和方式，而当我们还在各种选择之中摇摆不定时，机会已经错过了。（不过别担心，我在下一章中会讲到解决这种问题的方法。）

另外一个问题：并非每一个目标实现起来都饶有趣味，当你需要做一件不那么令人愉悦的事情时，很容易错失机会。对于我为自己设定的运动目标，明显是这种情况。虽然我总想成为经常锻炼的人，但不得不承认，我也是个彻头彻尾的厌恶运动的人。我哥哥丹就是那种运动型的人，以至于在我们高中毕业 25 年后，我们的高中校友还有人记得他热爱运动。不过，那种运动基因没有体现在我身上。如果我尝试，也许还会是个像模像样的运动员，不过我从来没试过，因为我不喜欢跑、跳、出汗或者举任何重物。

不管怎样，我知道我应该运动。我知道这对我的健康非常重要，坦白讲，还对我的体型十分重要。多运动是我一直以来的目标，但大多数时候，我从来没有认真去做过。从未用过的健身房月卡、积了灰尘的健身器械和还没有剪掉价格标签的新运动服等，"洋洋洒洒"地散落在我过去的人生里。和很多人一样，我为自己的失败找借口，最常用的借口是："我太忙了，今天没时间。"这感觉总像是个诚实的理由，可回头想想，明显不是。我并不是真的没有任何运动的机会。事实是：每当我有机会运动时，我都选择做别的事，比如多睡一会儿、午餐吃久一点、加一会儿班或者晚上和朋友们喝点小酒放松一下。每当我本来有机会实现锻炼身体的目标时，我都选择了其他目标。这些选择不全是有意识的——我只是（很方便地）忘记了运动这回事，直到最后，想锻炼都来不及了。其他并不那么重要却更加使人愉悦的目标，总是抢走了我的精力和注意力。（是的，我宁可加班也不想锻炼身体。我就有那么讨厌运动。）

我们也很容易在那些不愿意追求的目标上错失取得进展的机会。若你在这件事情或者这项活动上花了太多时间，突然之间你会发现，自己没有足够的时候做那件事情或从事那项活动。不论我们身处怎样的局面，我们在抓住机会方面面临的挑战都是相同的：要防止它从指缝中溜走，不让拖延、干扰或犹豫不决阻碍我们实现目标。

保护目标

即使在我们的动力强劲的时候，也需要保护自己追求的目标。干扰和诱惑可能妨碍我们原本可以成功的努力，使之脱离正轨。在此局面下，我们需要自制力。自制力好比高档酒吧外头的身材威猛的保镖，把流氓地痞挡在门外。遗憾的是，我们每个人都知道，你的自制力有时候也会让你失败。你可能在这个关键的时刻没有足够的自制力来抵挡诱惑和干扰。当这种情况出现时，你的大脑还有其他一些内在机制会提供我们所需要的保卫，心理学家称这种机制为**目标防护**（goal shielding）。但即使像盾牌那样将目标防护起来，这盾牌也可能破损、失效，假如你是《星际迷航》（*Star Trek*）的粉丝，应该深知这一点。盾牌也会损伤、变弱，最终被扯出一个大窟窿，任凭流氓无赖堂而皇之地涌进来。

好消息是，你可以采取一些措施增强自制力，加固你用来防卫目标的"盾牌"（在接下来的几章中，我会更详细地解释）。当你的盾牌很好地发挥了保护作用，你却用它保卫了错误的目标时，更难的挑战出现了。这种情况发生的时候，最常见的是两个对立的目标争夺控制权的局面。

几乎所有的目标都在相互竞争，这是因为，假如我们把时间花在全力执行这个目标上的话，通常花在其他目标上的时间就少了。比如，我写这本书耗费的时间，原本可以用来陪孩子玩或者做运动（倒吸凉气）。不过，这并非无法逾越的困难。当一名作家、做一个好母亲和让自己身体健康等这些目标，并不是互相排斥的。只要安排妥当，这三件事都有可能做到（甚至再多也能做到）。但当你遇到从根本上相互冲突的目标、执行这一个便意味着放弃另一个时，真正的挑战来了。你不可能一边勤俭节约，一边挥霍无度；不可能又要环游世界，又要享受家的舒适；不可能既享受着丰富、美味的食物，又想借助节食来减肥。最后这一条是减肥者面临的最基本问题，也是那么多人最终减肥失败的原因。

根据这两个目标的冲突模式，所有的节食减肥人士必定都有两个互不相容的目标，即享受食物（这是所有人与生俱来的愿望）和控制体重。一块巧克力蛋糕或者一大盘薯条，是提醒人们同时触发两个目标的提示信号——吃与不吃。当相互冲突的目标在人们的大脑中被激活时，大脑做出的反应便是禁止实现其中的一个目标，从而竖立一块"目标盾牌"。换句话说，输掉的目标不仅仅是被忽略的，而且还被彻底删除了。（这和"思维抑制"不是同一回事。所谓的"思维抑制"，举例来说，是指命令你"不要去想着白熊"，反而会使你老想着它。抑制是对主动思维的有意识忽略，它通常不起作用；而"目标禁止"则是下意识地取消目标，这十分奏效。）为了成功控制体重，你必须禁止在美食面前大快朵颐的目标。遗憾的是，我们的环境中充满了食物的各种提示信号，比如电视广告、杂志广告，以及从你桌旁经过的甜点小推车等，那些美食似乎都在等着你去咬上一口。这些提示专门用来激发你对美食的向往，让你禁止自己节食减肥的目标。如果这样的话，目标盾牌便保卫了你的想吃的愿望，却舍弃了你的减肥目标。诱惑最终胜出。（稍后我会帮你解决这个问题，请继续读下去。）

心理学家沃尔夫冈·斯特罗毕（Wolfgang Stroebe）和他的同事们没有用任何食物就成功证明了"目标禁止"的威力。他们在实验里让正在减肥和没在减肥的参与者下意识地看到了有关享受美食的字眼，比如"美味的"和"开胃"。接下来，实验者让他们看着计算机屏幕，问屏幕上一闪而过的几个字母是不是可以组成一个单词。在接触了与吃有关的词语之后，那些正在减肥的参与者对与减肥有关的词反应极慢，例如："苗条""减重"，当然还有"节食"。这种迟钝是"目标禁止"的经典效果——你的大脑不光消除了减肥的目标，还顺带把与减肥相关的一切都删除了，包括屏幕上出现的字眼。这是个完美的盾牌，可惜它保护了错误的目标。（有趣的是，没在减肥的参与者并没有表现出同样的反应。他们的大脑中不存在这样的冲突，因为他们没有经历减肥，也没有感受到想吃而不能吃所产生的压力。）

两个相对的目标之间的冲突，是动机中最棘手的问题之一，特别是当你无法放弃某个目标时。解决之策是认真地做好计划，也就是说，要同时顾及两个目标，轮流给予他们同样的待遇（关于这个主题的更多详情，参见下一章）。

我做得怎么样

如果你对自己的进展状况根本不了解，就几乎不可能实现目标。你得加快步伐，还是放慢速度？该巩固之前的努力，还是试试一种新的方法？你不知道，因为你在盲目行动。我猜，你也可能一不留神实现了目标，但这概率太小，几乎不可能，因为在缺少反馈的情况下，你的动机系统基本上就会停止运转。说到目标，你的大脑遵循一条十分简单的原则：**减少差异**。这正是心理学家指出的"你想去哪儿"（你的目标）和"你在哪儿"（你现在的位置）之间的差异。当你的大脑察觉出目标与现实的差异时，它会想着采取一些行动来弥合这个缝隙。但是，假如没有反馈，即缺乏关于目标进展的信息，大脑便察觉不出差异，也不会做出任何反应。

你需要的反馈有时候来自于外界，例如老师给你的成绩单、老板给你的绩效评估结果，或者是网站的访问量。但通常情况下，反馈还得是自己生成的。换句话讲，你得自己搞清楚你做得怎么样。心理学家称之为**自我监控**。想实现任何有难度的目标，这绝对都是最基本的要素，却也是人们由于几个方面的原因常常忽略的环节。

首先，自我监控需要付出一些努力。在奋力追求目标的时候踩一下刹车，检查自己，以便获得必要的信息来评估你做得怎么样，并不是件容易的事。这就好比你匆匆赶路的时候迷路了，需要把车停到路边去问路，虽然你知道问路是上策，但又觉得此时此刻停车似乎适得其反，所以，征服那个一直开下去的冲动是需要意志力的。一直开下去肯定比下车问路容易，只不过你将有可能无法抵达目的地。

其次，如何面对负面反馈是"自我监控"面临的另一个挑战。也许你做得不是太好，不得不面对这个事实，令你心理上感到痛苦。这是对你自尊的沉重打击。另一方面，若你实际上想要实现自己的目标，负面反馈又是必不可少的信息。假如你可以成功的唯一方式是改变线路，那么，若你根本不知道行驶方向不正确的话，你永远无法做出相应的改变。

我和大多数拼命想保持理想体重的人一样，每次一踏上体重秤，就感到一丝焦虑。过去，我对付这种焦虑的方法是根本不称体重，尤其在我胡吃海塞的日子里，就更加不敢称体重了。我越是对诱惑让步，就越是与体重秤保持距离。当然，踏上体重秤，并不会导致体重增加，但如果我不知道自己多重，就更容易糊弄自己了。（听上去很熟悉吧？如果你把"体重"这个话题换成"胆固醇"或者"信用卡债务"，你马上就能明白我在说什么了。）

说到我的体重，我学会了以艰难的方式进行大量的"自我监控"。现在我每天都称体重，一发现体重增长，就会吃得健康一些，再做些运动（是的，运动）。我不想让体重过度失控，那样的话，我又得再次更换衣服的尺寸了。开展强制性的每周体重检查并且每天都推出详尽的饮食报告，是一些减肥中心的精明之处，尽管这在某种程度上很耗时，但能让你持续了解你在朝着实现减肥目标的道路上做得怎样，知道自己离目标还有多远。这种减肥项目，实际上就是"自我监控"的课程。

你需要的太少了，不需要的太多了

在实现目标的道路上你会犯的大多数错误可以被分为两大类。第一类是心理学家所称的"监管不足"[1]，也就是说，没有做够达到成功所需要做的事情。我到这一刻为止在本章中讲到的问题，不论是错失机会还是缺乏"自我监控"，都属于这类错误。缺乏自制力去避开诱惑并控制冲动，是另一种"监管不足"的表现。我接下来将和你们分享的很多策略，也针对这种问题，因为"监管不足"明显是实现目标的道路上最常见的问题。

第二类错误称为"监管不当"，也就是选择了无效的策略去实现目标。虽然你尽了自己最大的努力，拼尽全力，但因为你走错了路，成功依然离你远远的。也许做到细致而准确对你来说至关重要，但你却做得太快了；也许你在努力抵制诱惑，压抑着不让自己去想食物，但起了反作用（顺便提一句，"思维抑制"几乎从来都没有效果。不论你试图让自己不去想着什么东西，那样东西反而会在之后的某个时刻里更夸张地浮现在你脑海中）；也许你过多地思考了平时做得十分自然和熟练的事情，却反而在压力下出现失误。

说到"监管不当"时，我们难以提出好的建议，因为对某种目标有效的策略，未必就适合于其他目标，所以，要对真正能在各个目标中通用的策略进行一番概括，确实很难。我在这儿能给你的最好建议也许是"自我监控"，因为对自己的表现进行自我评估，是发现是否需要新策略，以便有足够长的时间来做出改变的最佳方式。

太多的时候，人们把失败归咎于错误的原因。我希望你读完本章后，能重新思考你过去一些令自己失望的事。也许那时的你以为自己缺乏能力，而实际上你只是采用了错误的策略；抑或你曾以为没有足够的时间去完成某个目标，其实只不过是让机会从你的指缝中溜走了；抑或你没有得到你需要的良好反馈，以便使自己继续充满激情并保持正轨。现在，我已经告诉你了真正的问题到底出在什么地方，是时候开始把关注点放在解决问题上了。

要点回顾

克服妨碍你实现目标的困难的许多办法将在后面的几章中阐述，在这里，先请记住本章中的几个要点。

◆ **关键在于执行**。大多数时候，我们知道实现目标需要做些什么，但就是无法付诸行动。把目光盯在执行上，是成功不可或缺的要素。

◆ **把握机会**。我们每天都过得忙忙碌碌，追求很多目标，所以时常错过行动的机会。有的机会只是被我们忽略了——这没什么大惊小怪的。实现目标，意味着你得在机会从你的指尖溜走之前抓住它。

◆ **知道做什么**。一旦我们抓住了机会，你得清楚知道要做些什么。如果不能迅速地行动，便有可能浪费机会。

◆ **竖起盾牌**。目标需要保护。干扰、诱惑以及相互冲突的目标，都会偷偷吸走你的注意力和精力，削弱你的动力。

◆ **知道你做得怎样**。实现目标还需要你仔细地监控。如果你不知道自己做得怎么样，便无法相应地调整行动或策略。要经常地检查自己的进展情况。

第9章

制 订 计 划

没能做好准备，你就要准备好失败。

——本杰明·富兰克林（Benjamin Franklin）[⊖]

　　人们通常认为计划是一件有益的事。若你在谷歌搜索中输入
"有关计划的名言"，一大堆知名政治家、作家、商界领袖以及开
国元勋说过的关于计划的重要性的句子便出现在搜索结果之中。管
理顾问戴维·艾伦（David Allen）编写的《尽管去做——无压工作
的艺术》（*Getting Things Done*）广受好评。他在书中写道，他教的
组织方法中的一条核心内容是："约束自己对所有的'输入'做出
提前的决定，以便你对'下一步的行动'总是有所准备。"事实上，
几乎没有哪位公众人物会认真地建议大家在通往成功的路上"即兴
发挥"。

　　来自动机学研究的一些科学证据表明，这些极力倡导提前做

⊖　美国独立战争时重要的领导人之一，著名的政治家、物理学家，同时
　　也是出版商、印刷商、记者、作家、慈善家，更是杰出的外交家及发明
　　家。——译者注

好计划的观点完全正确。再没有哪种策略比稍稍做好提前计划能够更有效地战胜破坏目标的因素了。若你只想从我这儿听取或者记住一条建议，我希望你记住这点：为目标的实现做好计划。

要记住一件重要的事情：有些类型的计划效果不是很好。顺带说一句，也正因为如此，计划有时候才成为人们调侃的对象（刚刚我提到的搜索结果中就有一条伍迪·艾伦的名言："如果你想让上帝发笑，就把你的各种计划告诉他。"还有约翰·列侬的一句经典语："生活就是恰好在你忙着做其他计划时发生在你身上的一切。"）有些计划无法实现是有原因的，我想我可以用一个例子来最好地说明这一点。一个普通人若想减肥，会制订像下面这样的计划。

第1步：少吃

第2步：多运动

它至少看起来像个计划。它甚至还有步骤，不是吗？我认为，从严格意义上讲，这确实是个计划，只不过是个糟糕的计划。研究显示，类似的计划基本上毫无意义，对实现目标没有任何帮助。大多数人认为这就算是有计划了，但他们只是概括了需要的行动，而完全忽略了所有重要的细节。什么时候运动？在哪运动？怎么运动？到底要少吃什么东西？少吃多少？

和目标一样，并不是所有的计划都"生而平等"。高效的计划应该清晰阐明要做些什么、在哪里做以及怎么做。在这一章中，我会告诉你如何简单有效地制订计划，也会和你分享此类计划在某些真正令人惊叹的研究中所体现的神奇之处。

圣诞节的文章

1997 年的一天，我参加了心理科学协会在华盛顿特区举办的年度会议。当时我是一名二年级的研究生，在我看来，坐在讲坛上的心理学家，简直就是摇滚巨星。会议的主题是"动机"。上台的演讲者之一是来自德国康斯坦茨大学的著名社会心理学家彼得·戈尔维策。当时，我并不是十分确定自己希望专攻哪个领域。可以毫不夸张地说，彼得那天的演讲改变了我的人生。

他描述了他和康斯坦茨大学的学生在校园中进行的一项实验。在圣诞假期即将到来的时候，他们在路上拦住一些正在赶去期末考试的学生，邀请他们参与一项调查，调查的议题是现代人如何度假。彼得·戈尔维策和他的学生要求同意参与实验的学生在假期中写一篇关于如何过圣诞假日的文章。这篇文章必须在圣诞节过后两天内写完并寄出。实验者指示其中一半的学生：要当场决定什么时候、什么地点写作这篇文章，并把这些承诺当场写出来交给实验者，之后再去参加期末考试。

圣诞节过后几天，学生们寄来的文章纷纷抵达。戈尔维策发现，在没有列出写作文的时间和地点的学生中，32% 的人上交了作文，而在列出了写作文的时间和地点的学生中，71% 的人上交了作文，是前者的两倍多。听到这个结果，我想我当时惊讶得下巴都快掉到地上了。这是我听说过的最简单的干预行为，却使得目标完成的比例翻了一番。对人类行为的研究是一项十分复杂而凌乱的工程，坦率地讲，当干预型实验对人类行为产生了任何影响，哪怕只是微小的影响时，社会心理学家都会万分兴奋。而上述这个实验与大部分实验相比，影响大得多，而且你可以轻而易举地让他人效仿。（从那一刻起，我坚定了研究"目标与动机"这个课题的决心。）

"如果……那就……"计划的力量

这些计划好就好在它们简单。你找到一个想去实现的目标，说清实现它的准确时间、地点和方式。比如，就拿我之前提到过的减肥目标举例。第一步，把"少吃"改为"每天吃的东西所含的总热量不超过 1500 卡路里"；第二步，"多运动"应该变成"每周一、三、五上班前先去健身房锻炼一个小时"。戈尔维策把这类计划叫作形成**执行意图**（implementation intentions），听上去有点拗口，但其实是一种"如果……那就……"的计划方式：如果我已经吃了含 1500 卡路里热量的食物，那就不能再吃了；如果今天是星期一，那就要在早晨上班前先去运动。

在第一次听到圣诞节文章这个例子的几年后，我有幸与彼得和他的妻子一同工作，他的妻子是纽约大学博士后研究员加布里埃尔·厄廷根。参与研究的还有宾夕法尼亚大学的安杰拉·达克沃思（Angela Duckworth）。我们想对"执行意图"进行测试，将它们用在一群出了名的缺乏纪律和自制力的人身上。这些人不是别人，是正在放暑假的十年级学生。这些学生在即将开始的学期里将面对"学业能力倾向初步测验"（PSAT）的考验，所以他们每个人都以在暑假里为测验做准备为目标。5 月时，我们给了每个学生一本模拟考题并且告诉他们，我们将在 9 月开学时收回那本模拟题。我们让一半的学生确定暑假期间在什么时间和什么地点做题，（比如"工作日的早餐后，在我的房间里"）。在暑假期间，再没有任何人提醒学生，那些写下了时间和地点的人，也把做计划的纸片上交了，自己没有留底。到了 9 月，我们把模拟题收回来时，发现没有列出时间和地点计划的学生平均完成了 100 道习题，而列出了计划的学生平均完成了 250 道题！我们又一次看到，尽管这个过程持续了一整个暑假，还是产生绩效倍增的现象。这仅仅由于我们的干预实验多占用了学生一点点时间。

这还不是全部……

像这样的计划，在实现我们的健康目标方面也有巨大的价值。让我们面对这样一个事实：健康生活往往意味着做令人不快乐的事情（比如进行疾病筛查）或者放弃你真正想要的东西（比如甜甜圈或香烟）。因此，说起实现我们的目标，我们大多数人需要想尽一切办法。"如果……那就……"的计划恰如"医生开具的处方"。

在一项实验里，来自英国北部的 200 多人应邀制订了为期一个月的减肥目标。其中一半人遵照实验人员的指令制订了"如果……那就……"的计划：如何少摄入脂肪以及在什么情况下进行。结果，只有制订了计划的人，才成功降低了总脂肪以及饱和脂肪的摄入，而没有制订计划的人，饮食中的脂肪摄入量实际上还略微增高了。[1]另一个类似的实验运用"如果……那就……"的计划帮助人们戒烟。在为期两个月的过程中，制订了计划的人不但抽烟少了，而且 12% 的人还彻底戒了烟，相比之下，没有制订计划的人群中，只有 2% 的人彻底戒了烟。[2]

还有一项关于乳房自我检查的研究。这样的自我检查，大多数女性都知道十分重要，也打算经常进行，但实际上能够做到的人寥寥无几。研究人员发现，在他们的要求下确定了自我检查的时间与地点的实验参与者，100% 在第二个月进行了检查，而没有制订这种计划的实验参与者，只有 53% 做了检查（即使这两组参与者都表达出了同样强烈的愿望）。类似的结果也在子宫癌的筛查中表现出来（制订了计划的参与者中，92% 的人做了检查，没有制订计划的参与者中，这一比例仅为 39%）。此外，在坚持锻炼的目标中，制订了计划和没有制订计划的两组参与者真正坚持锻炼的比例分别为 91% 和 39%。

戈尔维策和他的同事帕斯卡尔·希兰（Paschal Sheeran）最近查阅了 94 名学生对于"如果……那就……"计划的评估结果，发现这种方法几乎在任何目标上都显著提高了成功率：更经常地乘坐公共交通工具、购买绿色食品、帮助他人、小心驾驶、不喝酒、戒烟之后不复吸、记得回收利用旧物、执行"新年规划"、公平谈判、避免成见与偏见、做数学题等，随便想一个目标，这种简单的计划都能帮助你实现。

实际上，"如果……那就……"的计划在最不可思议的情形中也能奏效。在一项研究中，研究人员要求一群正在接受海洛因戒毒治疗的患者（他们仍然处于痛苦的戒断阶段）当天下午 5 点前上交一份简短的简历。这份简历将有助于辅导员为每位患者出院后帮助他们找工作。一半的戒毒者早上接到指令后，在研究人员的要求下立刻确定写简历的时间和地点。下午 5 点，研究人员发现，没有制订计划的另一半戒毒者，没有人记得写简历这件事，一个都没有，而制订了计划的一半戒毒者中，80% 的人上交了简历！接下来的研究在精神分裂症患者及脑额叶受损患者中进行。这两种人都很难完成任务——这是有大量证据可查的，但即便如此，他们在实验中也显示出同样的规律。如果类似于精神分裂症患者和脑额叶受损患者之类存在如此严重障碍的人都能成功完成一项任务，想象一下你能做些什么吧。

目标是什么或者谁在追求目标，似乎真的不那么重要了，而围绕实现目标所需的时间、地点、方式来做好计划，才是提高成功率的唯一最有效方式。这就留下一个问题：为什么会这样？为什么如此简单的方法，却有着如此强大的力量？

为什么简单的计划却能奏效

在上一章中我说过，实现目标的过程中最常见的问题是错失行动的机会。这种情况之所以发生，有可能是因为我们全神贯注于其他目标，也有可能只是因为我们受到了干扰，以至于完全忘了目标或者忽视了行动机会，还有可能是因为我们害怕困难或枯燥而不愿为实现目标采取行动。不论原因是什么，我们总是不断地让实现目标的机会从指间溜走。如果我们想成功，确实需要学会抓住时机，而"如果……那就……"的计划，恰恰是专门为此而设计的。

当你决定了行动的时间和地点时，你的大脑会发生神奇的反应。制订计划的这个举动，会为情景或暗示（"如果"）与既定的行为（"那就"）之间搭起一座桥梁。比如你的母亲总抱怨你太久不跟她联络，于是你给自己制订一个计划，打算每周给她打一个电话，可一段时间后，你发现自己尽管真心想多给她打电话，可还是会忘记，导致母亲越发不高兴。这时，你可以制订一个"如果……那就……"计划：如果现在是周日晚餐后，那就给母亲打个电话。此刻，"周日晚餐后"这个情景就与"给母亲打电话"这个行为直接联系到一起了。

计划带来的第二个效应是：你的大脑会高度激活情景或暗示（周日晚餐后）。这就好比老师问学生，有谁知道佛蒙特州的首府，一个学生立马在座位上跳了起来，疯狂地挥着手嚷嚷："哦！哦！我知道！我知道！我来回答！"当一种情景在你的脑海被高度激活时，它无法抑制地想要惹人注目。你的大脑下意识地搜索着环境中任何与"如果"条件相关的情景。因此，即使你在忙着做别的事，潜意识还是会察觉到符合条件的情景。

计划带来的第三个效应，也是让目标在大脑中得以巩固的关键，是一旦"如果"（情景）发生了，"那就"（行为）这一部分便会下意识地自动启动。换句话讲，你在制订计划时安排了一切，大脑已经知道要做什么了，它接下来的任务就是不假思索地执行。每到星期天时，你吃过晚饭并洗完碗后，你的潜意识会把你引到电话边，于是你开始拨号，因为你已经把"星期天晚饭后打电话给妈妈"的计划告诉大脑了。（有时你能意识到自己在完成计划，但重点在于，这种意识并非必须存在。这就意味着即便你正忙其他事，计划还是能顺利实施，这是极为有益的。）

当我们想到自己潜意识的行为时，通常想起习惯（比如咬手指甲、洗澡时唱歌）或者通过很好的练习而获得的技能（钢琴家如何移动每根手指、台球专家如何出杆）。彼得·戈尔维策把"如果……那就……"计划称为养成"速成习惯"，也就是说，制订计划是刻意建立"自动化程序"的方式。[3] 不过，和我们的大部分习惯不同，这类"速成习惯"能帮助人们达成目标，而不是成为实现目标的障碍。

"如果……那就……"的另一个好处是它节省了我们宝贵的动力资源：即我们的自制力。不管什么时候，只要潜意识开始替我们察觉环境中的暗示，并由此引导行为时，我们便不会觉得那么费力，需要动用的意志力也少一些。这些计划能够节省自制力，以备不时之需（通常我们今后会需要自制力）。因此，研究显示，制订了"如果……那就……"计划的人们，即使在不可预知的障碍面前也表现得格外顽强。如果一开始受阻，他们会一再尝试，直到行动完成为止。同时，也因为他们的自制力有所节约，遇到障碍时才有更多的自制力可以运用。[4]

"如果……那就……"的计划不只是帮助你抓住机会。它们还能有效地抑制不想要的行为（比如向诱惑投降），并且抵御具有破坏性的想法和感受，以确保我们不偏离目标的轨道。在一项用"如果……那就……"的计划来克服饮食冲动的研究中，研究者让正在节食减肥的女性说出她们最喜欢的高热量零食，然后给她们树立了一个目标：一周内少吃一半这种零食。在所有的实验参与者中，研究人员要求 50% 的人制订计划："一想到这种零食的时候，我不吃！"（她们把这句话对自己说了三遍。）一周过后，另外 50% 的没有制订计划的参与者尽管也的确少吃了这种零食（从四份降到三份），但没能成功减少一半；而制订了计划的参与者不但成功达成了目标（从四份降到两份），而且比没有制订计划的参与者的效率平均高了一倍。[5]

在另一项研究中，研究人员让竞技网球选手制订应对焦虑情绪与身体疲惫的计划，以确保在下一场比赛中发挥稳定（例如，让他们想着"如果我感到焦虑，那就要平静心态，把比赛当作练习"或者"如果我感到紧张，那就要深呼吸"）。根据参加实验的网球选手的教练及队友的评估，制订了计划的选手在后来的比赛中明显比没有制订计划的选手状态好得多。

对于解决错失机会和保护目标的问题，再没有什么比"如果……那就……"的方法更简单、更有效了。我常常想，我要把"为什么要制订、怎样制订这种计划"做成小册子，插到市面上所有的减肥和励志类的书籍和光盘里。我还要把它们放在医生诊疗室和学校办公室里。我甚至想寄几本给美国国会议员。总之，无论你想实现些什么，减肥还是其他自我提高的目标，或是任何具有挑战性的目标，若你能从这样一个简单的计划开始迈出第一步，成功的概率将大幅提高。

要点回顾

◆ **制订计划。** 在实现目标的过程中，我们遇到的很多问题都可以用简单的"如果……那就……"的计划来解决。不论你是想抓住时机、抵抗诱惑、应对焦虑与自我怀疑，还是想在困难中坚持不懈，这种计划都有助于你做到这些。

◆ **确定具体行动。** 实现目标首先从确定实现目标需要的具体步骤开始。避免模糊不清的内容，如"少吃点""多学点"。制订目标时要做到清晰和精确。若是制订了类似于"每晚至少学习4个小时"的清晰计划，你便对自己需要做什么以及有没有达成目标一目了然。

◆ **决定时间和地点。** 下一步是确定完成每个步骤的时间和地点。尽可能做到具体。这可以帮助你的大脑察觉机会并抓住行动时机，即便是在你的意识无暇顾及时。

◆ **形成"如果……那就……"计划。** 把上述几步整理成一句"如果……那就……"式的陈述。"如果是工作日的晚上，那就在我的房间里学习至少4个小时。"假如你愿意，可以把这些话写在笔记本里，或者重复说给自己听，让自己的潜意识消化它。

◆ **瞄准障碍。** 想想实现目标的路上有可能出现的障碍与诱惑。怎样应对？为你想到的每一个障碍和诱惑制订一条"如果……那就……"的计划。（"如果工作日的晚上朋友叫我出去玩，那就拒绝并告诉他们周末见。"）这使你提早制订出最佳计划，不论遇到何种情况都能保证你不偏离实现目标的轨道。

第 10 章

增强自制力

回首 2003 年，我过得很不好。那年我 30 岁，和第一任丈夫分居了，生活在近乎持续的恐慌之中，担心博士后资助基金即将花光，而自己的工作却没有着落。我没能很好地应对婚姻的结束，对未来的工作充满不确定。我想吃什么就吃什么，彻底地放弃了运动，让自己体重猛涨了好几斤。几乎每个晚上，我都和朋友去酒吧买醉。有些日子，我一觉就睡到中午。我的公寓乱得一团糟。我的工作也深受影响。我总是冲动花钱，以为买新衣服和到高档餐厅吃饭会给我带来慰藉，但实际上只是让储蓄日益缩水。那是我人生的最低谷，我活得很悲惨。

到达谷底后，我终于开始慢慢往上爬。神奇的是，一切的改变，都从我带一只十周大的小狗回家那天开始。露西是一只迷你雪纳瑞犬。对这种狗或者任何类型的猎犬熟悉的朋友都知道，这小家伙很难伺候。假如伍迪·艾伦曾说过"如果你想让上帝发笑，请告诉他你想训练一只雪纳瑞",那他说得一点没错。养露西需要我投入很多时间和精力,包括定时带它散步,带它出去大小便,给它梳毛,陪它玩,还要时刻警惕我不在家时它破坏我心爱的物品(露西是只爱咬东西的家伙——我的鞋、我的书以及咖啡桌都是它的最爱)。由于我住在纽约市的公寓里,所以必须一天带它出去"方便"好几次,而有了小狗之后的日常生活程序通常从早晨 5 点开始,对于习惯睡到中午的我来说,是个挺大的改变。

不管怎样,为了照顾这只小狗,我的自制力得到了锻炼。锻炼自制力需要付出努力、制订计划,还需要很大的耐心。刚开始的几周尤其困难,主要因为我不习惯对任何事情长时间投入,不过随着时间的推移,一切变得容易些了。我习惯了新的日程安排,没过多久,早晨 5 点起床就显得不那么困难了。有趣的是,生活的其他方面也开始好转了。我不再经常出去混了,吃得也更加健康,而且再度开始上健身房锻炼。我的公寓看上去清洁多了(即便露西总是尽最大努力给我的公寓"重新装饰"),脏衣服堆越来越小了,银行账单也不再那么可怕,我开始收集优惠券,到处找优惠促销。我的工作也有了起色,又开始发表论文、提出新议题并在各种会议上演讲。我通过了利哈伊大学的面试,谋到了教授的职位。31 岁生日刚过不久,我遇到了我后来的丈夫(好吧,这点我不能归功于自己,只能说我眼光还不错)。

跟你说这些,是因为我觉得自己那一年的经历能够很好地展示自制力的特性。在本书一开篇,我提到过这样的概念:自制力如同你身体中的肌肉,不锻炼就会萎缩。当我 30 岁离婚时,基本上算是把自制力放到病床上休息了,于是它开始萎缩。当我需要依靠自制力照顾新来的小狗时,那感觉与一年后重返健身房十分相似:气喘吁吁,累得要命。接下来,当我坚守新的日程,每天锻炼自制力时,它也开始变得强大起来了。拥有了这种新的力量后,我发现自己就能够着手解决其他方面的挑战并把生活拉到正轨上来。

我得正式声明一下，我并不是建议你在实现目标遇到困难时出去买只小狗。增强自制力的办法有很多，接下来让我跟你分享经过心理学家实验测试的一些方法。重要的是记住：自制力就像你身上的肱二头肌和肱三头肌一样，经过一番锻炼之后也会疲劳，而且尤为脆弱。所以，你还要了解在做完某件费力的事情后如何恢复自制力。万一碰上你的自制力已经全部耗光，再也经不起任何折腾并急需恢复的情形，你还可以从本章中学习一些别的策略来及时"补充弹药"，这会使你受益无穷。

启动自制力

实现任何一个目标，自制力都极其重要。它甚至能比智商测试这项重要的能力测试更好地预测出学校分数、出勤率，乃至标准化测试的成绩。[1]我们持续不断地依赖自制力。大多数人刚一听到"自制力"这个词，马上想到抵抗诱惑、推迟享受。其实，当我们想给别人留下好印象时，甚至当我们做出每一个决定时，都需要自制力的帮助。[2]（你是否会在购物一整天后感到筋疲力尽？购物就是在不同物品中做选择，这就是个中原因。）但我有个好消息告诉你，实际上还是个大好消息：每个人都能提高自制力，而且你可以通过不同方式做到。

你爱吃甜食吗？试着戒掉糖果，即使你不在乎是否需要减肥或者预防蛀牙。你讨厌锻炼身体吗？不妨将健身房里肌肉男使用的臂力训练器械买回家，即便你的目标是及时支付账单，跟锻炼身体毫不相干。在一个实验中，心理学家马克·穆拉文（Mark

Muraven）让参与实验的成年人坚持两周使用臂力训练器或者不吃甜食。他要求"不吃甜食"的参与者尽量少吃或不吃蛋糕、曲奇饼、糖果和其他甜点，要求"训练臂力"的参与者必须把健身器械拿回家，每天运动两次，持续时间越长越好。这两项任务都需要自制力来完成——抵抗诱惑和克服体能限制，所以，它们都能锻炼自制力。结果，两周后穆拉文通过一项需要全神贯注操作计算机的任务来测试参与者的自制力，这项任务与甜食与臂力无关，但也需要很强的自制力。[3]实验结果表明，两组参与者的自制力表现都有进步。仅仅因为他们定期运用了他们的自制力，自制力在几周之内就大幅度提高了！

在另一项更引人注目的自制力训练实验中，实验者安排参与者免费成为健身房会员，并获得为每个会员"量身定制"的训练项目（由训练师设计），例如有氧健身操、举重以及耐力训练。定期锻炼两个月后，这些实验参与者不光在一系列与自制力有关的测试项目中表现出显著的提高，而且还说他们生活中的其他方面也有所进步。烟抽得少了，酒喝得少了，垃圾食品也吃得少了。他们还说自己更容易控制情绪，冲动花钱的情况更少了。他们不再把碗筷堆积在水池里不洗，不再把今天能做的事拖到明天，约会的时候更少出现迟到的情况，也形成了更好的学习习惯。[4]实际上，生活中所有需要自制力的方面，都出现了戏剧性的改善。看来，运动时锻炼的不光是你的身体肌肉，还有你的自制力。

正如我在"引言"中所说的，学术界对自制力训练的研究，采用了各种各样的方法，比如指示人们克制说脏话以及用非惯用手开门和刷牙。甚至每次提醒自己挺直腰板，也能帮助你锻炼自制力。所有这些不同的方法有一个共同点，那就是：抵抗那些总在驱使你放弃、屈服或者怕麻烦的冲动。找一件与你当前的生活和目标相符的事情，不论是什么，只要它要求你一次次打败那些冲动或欲望就行，然后制订计划（参见第 8 章）将这项活动整合到你的日常安排之中。刚开始可能有些困难，尤其当你的自制力缺乏锻炼时，但我可以完全自信地向你保证，只要你坚持下去，过不了多久这就能变得更加容易，因为你的自制力会提高、变强。这样一来，你会发现生活的其他方面也在逐渐改善。

恢复自制力

就连阿诺·施瓦辛格（Arnold Schwarzenegger）的肌肉也会疲劳，我这话的意思，并不是说他如今已是一位步入中年的州长，不再是曾经年轻的动作片英雄了，意思是说，即使他在当初拍《野蛮人柯南》（*Conan the Barbarian*）的那个年代，他也有力不从心的时候。不管一块肌肉有多大，疲惫之后都需要休息，以恢复它原有的力量。（就连力量训练课程，为了训练出更大块的肌肉，也规定要按时休息。）同样的道理，不论你的自制力有多强，它还是会有精疲力竭的时候。此时你需要让它恢复，而不是继续无休止地榨干它。这个时候，最好是完全停止任何与自制力有关的活动，让自制力得到充分休息。可现实生活总是与理想状态相去甚远，我们根本无法预知何时需要启动自制力，以便将我们保持在正轨。

怎样来加速恢复自制力，如何在自制力的"存储量低位报警"时拉高一下它的存储量呢？当你无法停下来休息时，还有其他方法能帮助你恢复自制力。其中之一是之前提到过的**目标感染**。正如我们看到别人追求某个目标时会被感染一样，事实证明，若我们想着那些我们认识的、拥有极强自制力的人们，也可以"感染"我们的自制力。例如，一个正举着杠铃的人，若是在那一刻想到了自制力很强的朋友，和想到自制力较弱的朋友相比，前一种情况能让人更长时间地举着杠铃。研究发现，当人们亲眼看到别人成功运用自制力来抵抗诱惑的情景时，比如，看到别人盯着热气腾腾、香味扑鼻的巧克力曲奇饼干不吃，却吃胡萝卜，[5] 此时，在旁边看着的人的自制力也提高了。所以，下次当你需要稍稍提升自己的自制力时，想一想你认识的那些特别能抵抗诱惑的人。你也不妨多和取得较高成就的人交朋友，因为他们增强自制力的技能，几乎可以自动地让你"传染"上。

不过，使用这种方法时要小心，因为在某些特定场合，它会起到反作用。有没有什么人在看着你努力工作时对你说："看着你都觉得累？"如果有，他们也许并不是在开玩笑。看着别人运用自制力，有可能刺激你的自制力突飞猛进，但也有可能耗空你的自制力之源，这取决于你怎么来看。当我们只是简单地看着他人抵抗诱惑、追求目标时，自制力是有感染力的，但当你的大脑对他们的想法、感受和行动进行形象的模拟时，这种感同身受会榨干你的自制力，好比你也亲身经历了一遍那些过程。

在一项证明这种反作用的实验中，实验人员让参与者阅读一篇关于餐馆服务生的文章。文章的主人公工作前没吃东西，饥饿难耐，却由于担心被解雇而不敢在工作时进食。故事详尽地描述了他端给客人的各种美食，以及他艰难地克制自己不偷吃的情形。实验人员要求一半的参与者仔细体会服务生的想法和感受，对另一半的参与者则不做此要求，仅让他们读这篇文章。接下来，实验人员给所有参与者进行自制力测试：要求每个人都为 12 件从中等到高等价位的物品打出心理价位，这些物品包括轿车、名表等（当自制力低时，我们往往不太在乎自己包里的钱）。实验者发现，体会了文章主人公的想法和感受的阅读者，给每件产品的价格定位比普通阅读者平均高出 6000 美元！情感共鸣固然是生活中可贵而必要的感受，能带给你诸多收获，但也意味着对自制力的消耗。当你面对特别艰难的目标时，与他人保持心理距离是极其有效的策略。[6]

除了运用目标感染策略外，你还可以通过放松自我来补充自制力。我不是让你小酌一杯鸡尾酒，我的意思是让你自己有个好心情（再强调一下，别喝酒！我知道喝酒也能改善心情，但酒精绝对没法改善自制力）。你可以通过很多种方式获得好心情，其中收到礼物尤其奏效。

在一项研究中，参与者在耗尽了自制力之后，部分参与者收到了研究人员送的表示感谢的小礼物，是一包用缎带系好的糖果。接下来，研究者再次测试他们的自制力，让他们尽可能多地喝下一种难喝的饮料（是掺了醋的果汁。瞧，实验心理学家总有着诡异的幽默感）。收到改善心情礼物的那组实验参与者喝下的饮料，是没有收到礼物那组参与者的两倍（两组参与者喝的饮料的量分别是5.5 盎司和 2.7 盎司）。他们喝的饮料，甚至和没有消耗自制力的那组参与者一样多。换句话说，礼物带来的好心情能迅速使自制力储备恢复到原位。在另一个用"看喜剧视频"这种方法来改善心情的实验中，我们也看到了同样的效果。思考或写下对你来说最重要的观念以及该观念为什么重要，也能使你改善心情、提升自制力。其实，任何让你感到振奋的事情，都能快速恢复你的自制力。[7]

我还想介绍另一种提升自制力储备的方法，但你听起来也许觉得有些奇怪。从生理学的角度来讲，这跟自制力如何反映到身体中有关（也是最新的发现）。事实证明，自制力至少部分地通过血糖来产生作用。[8]没错，你的自制力受到你当前血液中的糖分含量的影响。多项研究显示，当人们执行消耗自制力的任务后，血糖会明显降低，这些任务包括压抑思维、控制注意力、帮助他人、应对涉及死亡的想法、抑制带有偏见的反应等。更重要的是，并非所有困难的活动都会降低血糖，而是需要自制力的行为会降低血糖。

　　甚至更加奇怪的是：通过饮食来摄取糖分，实际上能够复原你的自我调节能力（包括自制力），至少是暂时地复原。血糖在血液里以平均每分钟 30 卡路里的速率被吸收，10 分钟后便会循环到大脑中去。[9] 所以，这种方法需要一点点时间才能奏效，但实验室中的研究结果显示，它与"目标感染"和放松心情同样有效。心理学家发现，当人们的自制力消耗一空后，喝下一杯酷爱牌橙汁能恢复自制力（而不是喝善品糖之类的代糖饮料，因为代糖饮料不含糖），使他们在需要耐心和精确度的任务上表现出与自制力消耗之前持平的水准。在另一项研究中，研究人员给刚刚结束了很难的考试的学生喝了饮料，一部分人喝到含糖的饮料，而另一部分人喝到的是代糖饮料（无糖），后来，那些喝了含糖饮料的学生在慈善捐款活动中比喝了代糖饮料的学生捐了更多钱，在同学遇到困难时也提供了更多的帮助。（尽管我们宁愿相信这是同学们自然而然的举动，但慷慨解囊的确也需要很强的自制力来对抗私心。）

　　所以，当你需要稍稍提高意志力，可以考虑采取措施提高血糖量。重要的是记住，摄入蛋白质与复合碳水化合物，是使血糖在身体里长时间保留的更好方式。糖水或糖果固然能刺激血糖增长，但也会很快被消耗完，而且，如果增强意志意味着糖尿病隐患增大、非健康的增肥或者牙医禁止你用多吃糖的方法时，一切便显得得不偿失了。

面对消耗一空的自制力

　　有些时候，你经历了冗长、忙碌、通常还很难熬的一天，彻底精疲力竭了。若你的自制力储备消耗一空，那么，我前面描述的方式都无法帮助你成功抵抗诱惑。人们打破饮食规律、过量饮酒、一到了晚上就按捺不住烟瘾（早起时却不会），都是有原因的。戒毒者用缩写字母 H.A.L.T.（停步）来告诫自己时刻小心这些陷阱，它是饥饿、气愤、孤独、疲惫（hungry、angry、lonely、tired）这几个词的缩略语，四种情形中的每一种都能破坏自制力。每每碰到这四种情形，人都是最脆弱的，也是最需要我们拿出捍卫目标的行动来抵御负面影响的时候。

幸运的是，当你发现自己开始缺乏自制力时，还可以运用一些策略来控制对自制力的需要。首先请记住，根据物理的规律，物体有保持其运动状态不变的属性，直到外力迫使它改变。其实人类的行为也具有同样的属性，行动也有惯性，一旦你养成某个习惯，就需要自制力来终止它。行为持续的时间越长，就越难停止。例如，假如你想禁欲，就得在第一个吻之后停住，不能等到热血沸腾难以控制时再做打算；放弃整包薯片，比命令自己只吃一两片要容易得多。在开始之前停止，是降低对自制力需要的绝佳方式。[10]

其次，记得"为什么"的思考方式（着眼于我们的长期计划、价值观和理想）和"自我监控"（对理想状态和现实情况进行对比），也是抵抗诱惑的极佳策略。当我更加关注体重是否正常、穿上牛仔裤是否好看时，或许在拿起刀叉之前先上秤称一下体重，就能更容易抗拒冰箱里那些馅饼的诱惑。

再次，无论你在做什么，不要试图同时追求两个需要强大自制力的目标。至少在你有选择的时候避免这种状况，因为这只会给自己找麻烦。你必须尊重一个事实：不论你是谁，你的自制力都是有限的。例如，一些研究显示，在戒烟时为了避免常见的体重暂时增长的副作用而企图同时减肥的人，通常在这两个任务上都会失败，而一次只做一件事，则更有效。

最后，当你的自制力完全消耗一空时，这里还有最后一种方法来应对：对自己好一点。研究显示，对特定个人有吸引力的、经过精挑细选后的奖励，可以通过提升成功动力的方法来补偿自制力。金钱就是奖励手段，但也并不是唯一的手段。当人们相信自己能从行动中学到东西，或者坚持能对社会有益时，这种信念的力量不亚于任何种类的物质奖励。[11]

最后的警告：别去挑战命运

读完了这一章后，我希望你能运用我描述过的种种方法，对如何锻炼自制力、提升自制力以及弥补消耗一空的自制力产生信心。总之，我对你完全有信心。不过，过度的自信是危险的，因为有些错误是一旦注意到就能被避免的，而过度自信的人往往容易忽视它们。最近的研究显示，大多数人都对自己控制冲动的能力过于自信，换句话讲，他们的自制力并没有他们想象中的强大。我们的自我认知越是膨胀，面临的诱惑就越多，而我们以为自己不会受到影响，因此不去刻意地回避它们。当我们不再感到疲惫、饥饿和消沉时，总是忘了那些情景，忘了曾经的脆弱。我们高估了自己的控制能力，把自己生生地推向危险的境地。

例如，一项关于正在戒烟的吸烟者的研究显示，那些连续三周没有抽过烟的戒烟者已经远离了戒断反应期，研究人员问他们是不是对自己抑制抽烟冲动的能力感到自信。同时，研究人员还询问他们是否会主动避免诱惑，比如远离酒吧等场合，或者尽量少和吸烟的朋友在一起。研究结果发明，对自己的能力越是自信的人，越不会主动避免接触诱惑。几个月后，研究者发现，主动避开诱惑的人，不太可能重新开始吸烟，而不去避开诱惑的人，则更有可能重拾吸烟的坏习惯。[12]

最后，如果你尽一切努力去锻炼自制力，同时尊重它的局限性，你便离成功更近一步了。了解自制力何时会背叛你，尽可能多地为脆弱的环节做计划（参见上一章），你便准备好迎接日常生活中的挑战了。

要点回顾

◆ **不练则废。** 你的自制力和身体的肌肉一样，得不到锻炼就会逐渐萎缩。当你经常适当地运用它，使它得到锻炼，它就会变得越来越强大，并且更加能够帮助你成功实现目标。

◆ **启动自制力。** 为了锻炼自制力，你可以接受一些平常不愿接触的挑战，比如不再吃高热量的零食、每天做100个仰卧起坐、挺直腰板、尝试着学习一门新技能。当你发现自己想让步、放弃或不再费力地坚持时，别放弃。就从一项活动开始，为可能面临的困难制订计划（"如果我想吃零食了，那就吃一片新鲜水果或者三片水果干"）。刚开始会有些难，但慢慢就变得容易些了。随着你的自制力变强，你也能接受更多的挑战，并且对自制力进一步加强锻炼。

◆ **适当歇息。** 肌肉会疲劳。自制力消耗太多就会耗尽。在你刚刚运用了自制力之后，你面对诱惑、干扰和其他陷阱时尤为脆弱，也格外容易误入歧途。如果可能的话，在自制力有所恢复之前，别对自己要求太多。

◆ **感染他人的自制力。** 当你需要给自制力提提神时，尝试着采用目标感染的方法。观察或想象别人发挥自制力的情景，能使你的自制力受到感染。（但要警惕过多地投入，当人们过度地消耗他们的自制力，而你从他的视角来思考那种情形时，到头来也会消耗你的自制力！）好心情也能提升自制力，所以给自己找些舒缓神经的东西（酒精除外）来补充自制力储备吧。

◆ **尝点甜的东西。**自制力能量至少部分地取决于你血液中糖分的含量。长期维持体内血糖量的最好方法是摄取蛋白质和复合碳水化合物。当你临时需要快速有效的方法时，尝一块点心或是喝杯含糖饮料（但不是像善品糖之类的代糖类饮料）。摄取的糖分大约需要 10 分钟才能通过体内循环抵达大脑，所以请耐心等待。记住，这种糖分是单一的碳水化合物，很快就会被消耗一空，所以别指望它的效力能持续多久。

◆ **停止于开始前。**当自制力的储备较低时，重要的是学会运用一些不太需要自制力的策略。请记住，彻底不做一件事情，永远比开始做了之后再停止更容易，也不需要那么强的意志。（彻底不碰薯片比只吃两三片要容易得多。）其他可以帮助你的策略包括运用"为什么"式思维，更强的"自我监控"（以确认自己没有偏离目标），以及运用其他的激励措施（比如报酬或奖赏），它们都能激发你获得成功的动力。

◆ **别去挑战命运。**无论你的自制力变得多么强大，重要的是永远尊重它的局限性。自制力大量使用后会暂时耗尽。在你所能控制的范围内，不要试图同时接受两个挑战（比如同时戒烟和减肥）。也不要将自己置身于诱惑丛生的境地，很多人对自己抵抗诱惑的能力过于乐观，于是他们使自己处于充满诱惑的境地。为什么要给自己增添不必要的麻烦呢？

第 11 章

切合实际的乐观

　　如果说你能在几乎每一本励志类的书籍中都发现同一个大道理的话，那么，这个大道理是这样的：在你努力实现自己的目标时，自信和乐观真的、真的极其重要。你经常听到"相信自己""想象成功的样子"，还有"保持积极"之类的强烈呼吁。这些书籍的作者，恨不能对着你的脸大声呼喊。我并不是说他们错了，真的。

　　对于某些目标而言，相信能成功的确会带来莫大的动力，但请注意，我说的只是"某些"目标。你现在知道目标有很多种，而乐观主义只是医生为某些目标开具的处方而已，对其他目标并不奏效。在本章，我会具体讲解乐观主义在什么情况下适用，在什么情况下是糟糕的策略。我会告诉你何时该抱有积极的心态以及何时该降低期望值，以避免逞强，最终落入陷阱。你会学到切合实际的乐观（这通常是成功的必备要素）与不切实际的乐观（使人自我感觉良好却往往带来麻烦的幻觉）之间的区别。我还会给你些振奋精神的小窍门，使你在该展望历历晴川时不至于只看到绵绵阴雨。

总看到生活的光明一面

多年来，社会心理学家似乎认为，说起乐观主义，真的是没有最好只有更好。一般来讲，乐观主义就是相信"一切最终会迎刃而解"，这或许因为你相信自己的实力，亦或许因为你相信老天站在你这边。有些人称这种心态为"积极思考"。毫无疑问，这种思考方式有它明显的益处。为了让你感受到乐观主义究竟有多好，让我列举一些研究所显示的关于乐观主义神奇功效：身体更健康，癌症患者死亡的风险更低，心脏搭桥手术康复的时间更短，患产后抑郁症的可能性更小，做产前保健的可能性更大，创伤后遗症更轻，大学一年级的生活更适应，以及面对不孕不育的状况时显得更从容，等等。很难找到似乎不能借助乐观心态而克服和改善的人生挑战。

仿佛这些好处还没说够似的，乐观主义者竟然还有着更加和谐的爱情！一些对长期伴侣的研究显示，乐观者能够更好地解决问题并避免相互攻击与指责。从长远来看，这种更有效（同时减少摩擦）的解决问题的方式，能使他们在关系中感受到更多的快乐与充实。[1]乐观主义者在生活的方方面面都能用更加主动、直接的方式面对困难，拒绝消极或逃避的态度。因为相信自己终究会成功，他们更加坚韧不拔，因此更有可能成功。

乐观主义的另外一个不那么为人所知的优势与如何安排目标的优先顺序有关。有些目标对我们很重要，但对别人却不尽然。这些目标一般最能够影响我们的人生。通常情况下，它们也能带给我们最大的个人回报。相比之下，其他目标便显得无足轻重了。例如，对我来说，当个好妈妈或者做个成功的心理学家这些目标给我带来的回报，比起定时清理冰箱或学会如何设置数码刻录电视带来的回报大得多。

尽可能追求幸福快乐的生活是合理的想法，为了做到这样，对于越是重要的目标，你应当投入越多的时间、精力和热情，并且在必要时牺牲一些不那么重要的目标。乐观主义者就是这样做的。总的来说，他们不光擅长实现多个目标，而且擅长处理多个目标间的冲突。例如，一项关于有氧操这项运动的调查显示，做操者越是重视这项运动，他们在生活中也越是乐观；而对于那些悲观主义者来说，用来做操的时间与他重视这项运动的程度并无关联。其他一些研究也得出了相似的结果，研究的主题涉及各种各样的目标，例如交朋友、取得好成绩等。我们一次又一次地发现，乐观主义者把时间和精力更多地投入到对他们真正重要的目标中，对于不那么重要的目标，则投入较少。[2]

乐观者还对周围环境中的积极信息更加敏感。[3] 他们更可能看到一线曙光，以便在自己内心将艰难困苦的经历变成不那么坏的经历。由于他们几乎总能看到所有情形中好的一面，因而也就格外擅长应对生活中的起起落落。

但要警惕黑暗的一面……

最近，人们开始越来越清晰地发现，乐观主义者的生活确实也不全是美酒和玫瑰。事实证明，总是期待着最好的情形出现，会使人对某些错误毫无抵抗能力，而那些错误，悲观主义者永远也不会犯。

例如，由于乐观主义者觉得自己最终会成功，他们便对行为产生的所有后果缺乏考虑。他们不大可能准备充分，并且更有可能从事冒险行为。（请在此处自行添加过度自信的美国政府使自己陷入困境的无数例子中的一个。）比如，乐观主义者在赌博输得一塌糊涂时，极有可能加大赌注，认为胜利就在下一把牌或下一次掷骰子中等着他们。[4] 鉴于赌博机器的赔率设置都是有益于赌场这一方的，所以，赌场经营者对乐观主义者的策略欣喜不已，而后者会在此过程中输得一败涂地。

另一方面，悲观主义者总是预料到最糟糕的结果，所以他们会为各种可能性做好准备，包括最坏的可能。悲观的赌博者连输几轮之后便开始对自己赢钱不再抱希望，因而退出游戏。实际上，真正的悲观主义者很少在没有外界逼迫的情况下走进赌场。

乐观主义者与悲观主义者面对失败时的表现也不同。当你最终没能实现目标时，你有没有想过，倘若之前的一些准备工作做得更好一些，后来的结果便会不一样？心理学家把这些"如果……便会……"和"假使……才会……"的想法称作**反事实思维**。乐观者与悲观者在事与愿违时都会这样做，但他们假设的内容不同。一方面，悲观主义者会想，如果他们之前采用不同的方式来做事情，他们原本有机会成功（"假如我做好了……我有可能取得成功"），事实证明，这种想法对未来的绩效很有帮助，因为它使你为今后做好更充分的准备。另一方面，乐观主义者往往想着他们还有可能会把事情弄得更糟（"如果我没有做好……我可能比现在还惨"），而这种反事实思维只有一个用途，那便是：让你对失败的感觉更好一点点。尽管在逆境之中振奋一下精神无可厚非，尤其是在没有后续行动或者事情不在你的掌握之中的情况下，但这种思维方式断然无法使你取得进步或者最终获成功。[5]

最麻烦的一种乐观便是心理学家称为的**不切实际**的乐观。怀着这种乐观精神的人不断给自己打气、相信自己会成功，其实是完全不愿意从客观的视角来看清现实。这种现象也极其常见。30 年前，心理学家尼尔·温斯坦（Neil Weinstein）公布了一项里程碑式的研究，结果显示，大部分美国大学生相信自己有朝一日会比同龄人更有可能买房、拿高薪、游遍欧洲、活过 80 岁，而且他们认为这种可能性非常更大。他们还觉得自己跟同学比起来不太可能染上酒瘾、离婚、遭到解雇或突发心脏病。[6]

这其实就是另一个版本的乌比冈湖效应（Lake Wobegon effect），这个效应是指我们不光觉得自己能力过人，还觉得幸运之神也更眷顾我们。这种不切实际的乐观最有可能出现在可控的情况（例如体重变得严重超重）、罕见的情况（比如破产）或者仅弱于预期表现的情况（比如成绩没有想象的好）之中。不过请注意，控制体重、管理财务以及准备考试等，都是能够通过有效途径而避免失败的。当然，如果你觉得自己不会出问题，便不会一开始就采取适当的防备措施了。[7]

多年前，我曾和一名渴望当演员的纽约男子约会过，当时，他一边在纽约时代广场上专宰游客的餐馆里端盘子糊口，一边等待着他大红大紫时代的来临。我只在一部话剧中看过他的表演，那是一场非百老汇、非大制作、非正规（还能一口气再说几个"非"？）的《罗密欧与朱丽叶》。他演得很好，我当时觉得他真的有可能成为一名优秀的演员。他对自己将来的成功自然深信不疑。他告诉我说，自己有明星气质，唯一的问题是，他从来不去试镜（那个《罗密欧与朱丽叶》还是朋友帮他找到的机会）。几个月时间过去了，他那一叠闪亮的大头照一张也没发出去过，都躺在那儿积满了灰尘（他自己大多数时间也窝在我的沙发上聚集着灰尘）。他在"等待着好角色降临"，降临到他这个无人知晓但毋庸置疑的伟大天才身上。我明白，年轻演员有时的确是被伯乐（四处溜达的导演或制片人）发掘出来然后大红大紫的，但大多数成功的演员会告诉你，要想在这竞争激烈的行业立足，你得年复一年地努力，得把自己的照片经常发出去，发到摞起来像山那么高才行。我最近一次听到这位前男友的消息时，据说他还在端着面条和沙拉，等待着大导演史蒂文·斯皮尔伯格（Steven Spielberg）请他演主角，但可能性不大。

不切实际的乐观既没有效果又危险，切合实际的乐观则是实现诸多目标的关键，而两者的区别在于乐观背后的原因。一方面，当你认为自己能通过努力、计划和相应的策略对局面有所控制时，你的乐观是切合实际的。这种乐观给人带来能量和动力。不过，另一方面，如果你的乐观源于你控制范围以外的原因，例如，它得依赖某种固定的能力或运气（"我会成功，因为我比别人聪明"或者"我会成功，因为我做事总是很顺"），那你终将害了自己。很可能该准备的东西你没有准备，在逆境中该坚持的时候你却早早放弃了。

一项以大学新生为研究对象的研究发现了切合实际的乐观与不切实际的乐观的不同之处。研究者衡量了学生刚进校时的乐观程度，发现很多人乐观却不切实际。他们对其中一半的高度乐观者进行了**归因再培训**（attributional retraining）的干预实验。"归因"就是对成功或失败的解释；"再培训"是训练学生从自身努力及策略的使用上找原因，而不把成败归固于自己是否聪明和有才华。研究者还解释说，甚至是涉及能力的表现（例如数学能力）也是可以改变的，而且，随着时间的推移，多学习就会再进步。这种训练把不切实际的乐观转化为切合实际的乐观，使他们相信自己能够通过行动取得成功，而不再想当然。

"再培训"的结果是惊人的。那些接受了再培训的高度乐观的人第一年结业时平均成绩为 B，而没有受训的乐观者平均成绩为 C。类似的实验结果表明，只要你懂得用行动直接为实现目标负责，再对未来持乐观态度，便是一个不错的主意。[8]

让信心切合实际

如果你对实现目标有信心，但不确定这种信心是否切合实际，可以问自己几个问题。这个过程能帮助你把不切实际的乐观转化为切合实际的乐观，从而对你有所帮助。

1. **问问自己为什么觉得你能做好。**假设你要去面试，你觉得自己比其他应聘者更有优势，那么请思考你为什么有优势。或许你可以把答案一条条地写下来，以便更充分地阐述原因。

   _____

   _____

2. **其他人同样也有优势的可能性多大？**例如，如果你觉得自己聪明或者以好成绩毕业于好学校，因而很可能应聘成功，那么请想想，是不是还有其他拥有同样条件的应聘者。你真的能脱颖而出吗？这样想切合实际吗？

   _____

   _____

3. **现在想一想你怎样控制成功或失败。**你能做些什么来增大赢得这份工作的可能性？如何准备面试来呈现最佳状态？做什么才能使成功变成现实？采取措施确保成功，这样你才能拥有真实、现实、应有的乐观，助你展示最好的自己。

   _____

   _____

我还想说两点乐观主义的危害。在之前的几章，我已经探讨过这两种乐观主义的危害，但我觉得值得在这里重申。首先要记住，当你在追求防御型目标时，要避免乐观。每当你面对与安危有关的目标、当你最想避免损失时，你最好常常想着哪里会出错，以此来获取动力，而不要信心十足地告诉自己一切都会变好。

其次请记住，相信自己能成功与相信自己能轻易成功之间是有差别的（参见第 1 章）。实际上，相信自己能轻易成功，也是一种不切实际的乐观，这是因为，觉得不费吹灰之力就能达成有价值、有意义的目标，与现实是不相符的。实现目标需要周密的考虑、准备和精心的努力。好消息是，我们每个人都有能力做到这些，这也是乐观的根基。

增强乐观精神

有时，如果你想实现目标，相信自己定会成功是至关重要的。尤其当你在追求进取型目标，即聚焦于收获时，更是如此。若你对自己并不完全确定，如何能对实现目标更自信更乐观呢？

第一，你可以借鉴心理学家在实验中运用的归因再培训方法。大多数人之所以对成功的概率不确定，是因为他们怀疑自己的能力，而这种想法往往是错的。质疑一下你的假设，比如：实现目标真的与能力有关吗？勤奋、在逆境中坚持以及好的策略，会不会更重要？如果真实情况是后者（现实往往如此），那么，实现目标就完完全全在你的控制范围之内了。或者，想一想曾经实现了同样目标的榜样人物会对你有所帮助。你会发现成功人士毫无例外地也需要努力和计划，而这点是每个人都能做到的。

第二，你还可以利用你过去的经历给自己增加信心。回想你过去的成功经验，也就是你面临的挑战以及克服这些挑战的策略。花 10 分钟写出你感到尤为骄傲的一项成就及其实现过程，也会颇有帮助。有时候，当你彷徨时，需要的只是对自身能力的一点点肯定，从而改变你的视角。

我强烈推荐的第三个策略是运用"如果……那就……"的计划识别并战胜任何消极的想法，只要这些想法在你脑海中刚一浮现，便识别它们。比如："若我开始怀疑自己，那就告诉自己为什么可以胜任。"如我在第 8 章中提到的那样，事实证明，这种方法对战胜破坏性思维极其有效，如果你持续运用它，能增强你对未来的乐观展望。

至于第四个策略，"设想成功"怎么样？我就不一一点名了，但无数励志书籍告诉人们：在脑海中想象你要的东西，它就能成真。假如确实如此，那就太好了，但从科学角度来看，这种说法并没有什么依据。不过，倘若你设想的是**成功的方式和步骤**而不是成功本身，这种设想极其有益。在脑海中模拟成功的过程而非期待看到的结果，不仅能给你更乐观的展望，还能让你更好地进行计划和做好准备。想象自己的每一步都走在成功道路上，很快你就会相信目标可以实现，[9] 而这个信念恰恰是正确的。

要点回顾

◆ **有些乐观情绪是有益的。** 乐观主义能带来很多好处，能增强动力，帮助你对目标进行要事优先排序，也能让你处变不惊。

◆ **有些乐观情绪是危险的。** 乐观主义也能让你付出惨痛的代价，倘若你对后果考虑不周，准备不充分，冒了不必要的险的话。遇到挫折后，乐观主义者更有可能选择使他们自我感觉良好的心态，而不去分析哪里可以改善，下次如何做得更好。

◆ **了解不同类型的乐观精神的差别。**关键是要了解不切实际的乐观与切合实际的乐观。不切实际的乐观是对于无法掌控的情景表示乐观，例如固定的能力、命运、运气等。如果你相信自己生来就比别人聪明、被幸运环绕或是"有明星气质"，你只是在自找麻烦。不切实际的乐观者不会为目标的实现采取必要的行动，遇到困难便束手无策。

◆ **乐观要切合实际。**切合实际的乐观是因为游刃有余地掌握了事态发展而产生的信心。你相信自己能成功，是因为你会努力，会保持动力，会运用适当策略来确保目标实现。这种现实的乐观者很少犯代价重大的错误，最终更容易成功。

◆ **如果不真实，使它变真实。**当你追求目标时，要确保自己的乐观感受是切合实际的。若你有所怀疑，请运用我在本章中概述的方法来自我检测（辨别乐观的原因，质疑不切实际的假设，用成功所需的具体计划和步骤来代替一切不切实际的想法）。

◆ **把注意力从能力上转移开来。**增强你的乐观精神，秘诀往往是把注意力转移到努力、坚持与计划上来，以替代你对自己能力的怀疑。想一想曾经实现相同目标的榜样，也会有所帮助。一般来讲，成功人士既努力又聪明地工作，值得每个人学习。

◆ **回想过去成功的经验。**回想自己过去的成功，是另一种增强乐观精神的方式。提醒自己具备能力对增强自信有奇效。

◆ **别去设想成功的样子。**而是设想成功所需的步骤。仅仅想象自己冲过终点线的那一瞬间，并不会将你带到那里，但是设想跑步的策略、可能遇到的障碍以及应对障碍的方案，不但能使你更加自信，还能帮助你更好地准备。这就一定是切合实际的乐观。

第12章

懂得坚持

　　作为一名研究者和老师，我在职业生涯中曾经见过一些极其聪明的人在新任务或新科目刚开始变得困难的那一刻就退缩不前，也看到过一些貌似智力平平的人勇往直前、奋斗到底、终获成功。当你研究成就这个主题时，首先便会了解到：一方面，天生能力（如果有这种东西的话）与成功的关系微弱到令人惊讶的地步；另一方面，坚持与成功的关系十分紧密。我们失败的最常见原因是为了错误的理由而过早放弃。

　　如何增强坚持到底的毅力呢？在本章中我将和你分享为长期坚持做准备的几种策略。首先我会重点讲述能够有效地帮助你长期而稳定地应对挑战与障碍的目标类型（之前提到过的类型）。若你有个适当的目标作为起点，坚持下去的可能性也就自然提升了。

　　此外，人们解释成功或失败的方式迥然不同，这些差异影响着他们的毅力。例如，在你看来，拿到 A 的成绩或者得到升职，到底是智力的关系大一些，努力的原因多一些，还是运气的成分多一些呢？答案很重要，因为它决定了你遇到逆境时如何看待问题。并不令人感到惊奇的是，那些遇到挑战时会想着"我需要更努力"的人，比在同样的情况下认为"我很不幸"或者"我太笨了"的人更有可能坚持下去。

我们会探讨你以前对成功的必备条件是怎样理解的，这种理解导致你选择什么样的目标，继而又怎样影响着你的毅力。我们还会探讨文化背景对毅力的影响，解释西方学生与亚洲学生成绩间的差距，这是一个被人们多次探讨的话题。

不过，尽管坚持不懈的精神对生活中各方面的成功起着至关重要的作用，但凭良心讲，我真的认为我写这本关于如何实现目标的书，并不是要告诉你永不放弃。在有些时候，你确实需要承认现实，甘于放弃。说句实话，我们不可能永远当赢家。在逆境中坚持，的确很难，但同样难的是懂得什么时候放手。

事实证明，懂得什么时候放弃某个目标，也是幸福、健康地活着的关键。在本章中，我还会告诉你怎样摆脱以及何时放弃太过复杂或者代价太高的目标。你将学会如何做"去或留"的选择——基于证据的选择，而非恐惧或错误的逻辑导致的决定。同样重要的是，你还将为学会怎样为放手向前而感到欣慰，并且从中最大程度地受益。

怎样才能坚持不懈

有些人的自制力比另一些人多，同样，也有一些人在逆境中比另一些人坚持得更长久。心理学家安杰拉·达克沃思把这种品质叫作"韧性"（grit），她说："有韧性的人把成功看作一场马拉松，他的优势就是持久耐劳。"韧性，也就是毅力，是长期投入与坚持不懈的结合，而且，你对如下陈述的赞同程度，反映了你的韧性："我曾经通过数年的耕耘换来过成功的果实"以及"我每开始一件事，都会坚持到最后"。

听到类似于"韧性""坚韧"这样的词，你可能想到的是那些冒着重重困难克服了难以逾越的障碍的伟大人物，比如纳尔逊·曼德拉（Nelson Mandela）或者约翰·韦恩（John Wayne），假如你是个影迷的话。其实普通人也能做到**坚韧不拔**，研究显示，这个品质与成功有着十分密切的关系。例如，韧性能预测一个人的最高教育程度。韧性较强的大学生成绩也比较好。毅力还能预测西点军校的哪些学生能从历经磨难的第一年中坚持下来。它竟然还能在全美拼字大赛上预测出每个选手能够闯过几轮。（后来调查发现最后这条是因为坚韧的选手在赛前准备得更充分。）[1]

总而言之，坚韧是个优秀品质。好消息是，正如自制力可以被锻炼一样，如果你愿意的话，也能提高面对困难时坚持下去的能力。如果你现在不怎么坚韧，可以学着变得坚韧。

第一，你可以选择使你能够自然而然变得更加坚韧的目标。**谋求进步**的目标注重进展与进步，而不在乎表现是否完美、他人是否认同（见第3章）。不论前面的路途还有多远，这种目标能给你带来成就感和乐观精神。这是增强韧性的极佳方式。同样，追求**自主选择**的目标或者因为目标本身而选择的目标，也能增强你的毅力。当一个目标能够真切地反映你的好恶、价值观和愿望时，你便更想得到它，也更加享受奋斗的过程（不论持续多久）。你会像享受结果一样享受过程。

想一想那些大半辈子待在房间内、窝在书桌前，面对着成堆书籍和论文的学者。很多人倾注了几年甚至几十年的时光钻研某个数学或化学问题，或者研究莎士比亚的戏剧是否全部出自他本人之手，诸如此类。你可能觉得他们研究的问题很晦涩，他们生活得悲惨，但大多数时候恰恰相反。他们在探索某个特定领域知识的过程中，自然而然地形成了坚韧的毅力，因为学者们毕生研究的课题，都是他们自己选择的。

另一种增强韧性的方式是确保你正确地总结失败的原因。如果你相信令人不满的表现是能力低下所致，你的感觉会更糟糕，会感到焦虑和沮丧，并且失去信心，尤其当你相信能力不可改变时。[2]想象自己在新岗位上第一次拿到绩效评估的结果，老板说你的沟通能力需要提高。这时，如果你认为自己无法改变羞怯的性格和笨拙的毛病，觉得你就是这样的人，那你又有多大的动力来提升能力、改善绩效评估的结果呢？在失去成功希望的时候，没有人还能够做到坚韧不拔。

反之，如果你相信你的绩效低下是因为自己没有尽最大的努力使别人明白你的想法，或者是你没有使用正确的方式与同事沟通，那么，你感觉糟糕的可能性会小很多，程度也会低很多，也更有可能继续尝试着解决问题。事实上，这就做到了坚韧不拔了。

其实，这种坚韧的思考方式不但对你更好，而且通常在客观上也更加正确。单单由完全无法改变的能力而导致的失败是极其罕见的。我并没说不可能，例如，我必须承认，因为身高问题（我身高 165cm），我永远不可能往正规篮筐里成功扣篮，除非借助梯子、弹簧，或者在身上绑一枚小型火箭。所以，如果我把扣篮当成是我的目标，我注定要失望。不过，即使无法扣篮，我依旧可以试着成为更好的篮球运动员，因为出色地从事任何一项运动，与你有没有决心和是不是接受了适当的训练有很大关系。虽然天生的能力与秉赋的确存在，但任何一个教练都会告诉你那些远不如勤奋和训练来得重要。进步总是可能的。

那么，既然我们的能力往往能够改变，失败也大多与无法改变的能力无关，我们为何还要把失败归咎于此呢？我们为什么那么迅速地得出结论，认定自己不能实现目标是因为不够聪明、强大或有才华？如果我们缺少的是努力、计划、坚持以及适当的策略（这才是我们绩效低下的罪魁祸首），那我们为什么认识不到？文化背景是一部分原因。每种文化都有其相对应的一套价值观与信仰，而我们从孩提时代开始就毫无察觉地吸收着这一切。例如，以美国为首的西方社会往往极端重视对能力的衡量与褒扬。美国人痴迷于天才和神童的故事，赞扬那些看似具有特殊能力的人，而且觉得，依靠勤奋刻苦获得成功的人都少了那么点天生能力。（这就是没人喜欢被夸赞勤奋刻苦的原因，那意味着他们不够聪明，需要埋头苦读才行。这也是我见过的最荒谬的误解。）其实这也没什么值得惊讶的，在一个把成功看作能力写照的社会里，人们自然把失败理解为缺乏能力。这种想法没有必要，也不是全世界范围的普遍现象。

亚洲人不同的地方

每隔四年举办一次的"国际数学与科学学习趋势"（TIMSS）是一项针对 48 个国家的学生学习状况进行的调查。美国教育部用这一信息来追踪观察美国学生和其他国家的学生相比之下处于何种位置。2007 年，美国八年级学生的学业表现再次被中国、韩国、新加坡以及日本的学生打败（从 1995 年开展第一次这样的调查开始便一直如此）。这结果让教育者和政治家坐卧不安。亚洲学生的数学和其他学科成绩持续胜过美国学生，难道是因为美国孩子没有天赋吗？你很容易这样想，但这完完全全是错误的。两类学生的差异是文化而非基因所致。若要总结出一点最有影响力的东亚与美国文化的差异，那便是：美国人相信能力，而东亚人相信努力。

东亚的大多数教育系统都是建立在孔子教育理念的基础之上，高度强调勤奋努力的重要性。[3] 一些与教育有关的名言包括：

> 故虽有其才，而无其志，亦不能兴其功也。志者，学之师也；才者，学之徒也。学者不患才之不赡，而患志之不立。
>
> ——徐干《中论》
>
> 日知其所亡，月无忘其所能，可谓好学也已矣。
>
> ——《论语·子张篇》

我在哥伦比亚大学攻读博士学位时，一个在韩国出生并接受教育的同学告诉我，在韩语里，祝贺别人"干得漂亮"的习惯用语，从字面上理解就是"努力工作"的意思。这也就意味着，无论你做得多好，总是可以继续进步。（一般的美国人听到这里的反应可能是："妈呀，真得谢谢你哈。"）

可以想见，亚洲学生更容易把成绩不理想归咎于自己付出的努力不足，也把他们的成功归功于勤奋刻苦。例如，日本的大学生在得知自己拼字游戏失败时，更有可能把"缺乏努力"而不是"缺乏能力""游戏太难"或者"运气不佳"作为最重要的原因。[4] 在另一项研究中，研究人员发现，孩子数学不及格时，中国的妈妈认为主要原因是"不努力",而美国的母亲则往往将"能力低""缺乏训练""没运气"和"不努力"列为同样重要的原因。[5]

亚洲的父母和老师明确地教孩子"勤奋和坚持不懈是成功的关键"这个道理,这也解释了他们为什么在数学和科学等需要决心和长时间练习的学科中名列前茅。美国学生多数时候(错误地)认为,学好这些学科需要天赋,好比有人一生出来就会做长除法一样,而这种压力就像一座大山一样让他们喘不过气。他们一遇到难懂的概念或问题,就直接得出(错误的)结论,认为自己不具备完成这些学习任务的条件。教给孩子怎么去坚持,帮助他们理解成功到底需要些什么,对缩小东西方数学成绩的鸿沟将起到很大的作用。

现在,我已经强调了坚持的重要性,是时候关注一下事情的另一面了。

懂得何时放手

当然,有些时候,你确实得认真地考虑放弃某个目标。其实,放弃目标的关键是一定要有正确的理由放弃。大多数人因为不相信自己有能力实现目标而放弃,到目前为止,我希望你已经明白,这些人往往是错的。你具备成功的条件,或者说,如果你目前不具备,以后也能具备。那么,为什么当你有能力实现目标时依然还要放弃呢?什么时候放弃才最符合个人利益呢?

放弃某个目标,有两个好的理由(而它们中的任何一个,都与能力无关)。首先,不论你承认还是不承认,我们每天的时间都有限。纵使你有天大的本事,在任何领域都是天才,你也无法拥有所有的资源。你的精力只有这么多，时间只有这么多。每个人都需要做出选择，因为包揽一切是不现实的。读这本书能帮助你更好地掌握时间，但无法改变你一天只有 16 ～ 18 小时的可用时间的事实（我绝对是极力倡导充足睡眠的人，所以，按 16 小时算吧）。

大部分工作中的父母太熟悉这个困境了。如果你有一份每周需要投入 60 个小时的工作，你和孩子在一起玩的时间自然就少了。这就是个简单的事实。如果你也跟我一样尝试过自己带孩子，不把孩子送托儿所、不请保姆，那么，你的工作肯定会被耽误。有时，与其同时做很多事（一件也做不出色），还不如给自己一丝喘息之机，认识到时间、精力是有限的，专注于最重要的事，放下其他的（至少是在更好的机会到来之前放下）。

放弃某个目标的好理由是实现它的代价太大。情况在不断变化，目标可能出人意料地变得复杂和令人讨厌。有时候，你根本没搞清自己蹚了什么样的浑水。这时，聪明和健康的做法是重新审视你的选择。

2003 年，我当时的男友、后来的丈夫乔纳森在圣路易斯华盛顿大学教本科学生哲学。那时他刚拿到哥伦比亚大学哲学系博士学位两年。大家都说，他应该感到高兴才对。他本人也是从小时候起就没有考虑过其他职业（从 14 岁起，他就喜欢并经常读著名哲学家、数理逻辑学家、历史学家、无神论者伯特兰·罗素的作品）。但到了工作第二年，这位年轻的学术哲学家有了个令人不安的发现：他讨厌自己的工作，但并不是讨厌哲学，而是讨厌教哲学。很多学者把这项职业当作学术的一部分，便一直忍着，可乔纳森的顾虑是，哲学教授教课时间太长了。科学教授一般每学期只教一两门课程，而哲学教授普遍要教三四门。每天的教课任务使他筋疲力尽，让他没有足够的时间去进行实际的哲学探索。因此，乔纳森觉得教课的任务没什么吸引力。

在对自身的优点和缺陷经过长时间痛苦、诚实又残忍的自我审视后，乔纳森最终放弃了哲学教授这个职业。他来自明尼苏达州，习惯了说实话、做实事。放弃这个职业，意味着他要重新考虑这辈子做什么，重新审视过去对自己的认知。想到会辜负曾经支持他、相信他潜力的人，让他十分痛苦。毫无疑问，这是个勇敢的选择，对他来说也是个正确的选择。有时候，当我们付不起成功的代价时，放弃一直想要达成的目标是我们能为自己做的最好的事。

在持续不断的怀疑与痛苦面前，放弃让你陷入麻烦的目标貌似应该很容易，不过事实并非如此。放弃目标有时是一件非常困难的事。或许你已经投入了太多时间和精力，不想让这些努力付诸东流；又或许你还没有说服自己目标是遥不可及的；还可能你只是不想当个失败者。正如我们有时候不懂得坚持不懈那样，我们也不懂得什么时候该放弃或者怎样放弃。

如果你要放弃的目标与你的个人形象的某些重要方面相关联，那就更难了。我们在日常生活中扮演的角色，很大程度上决定了我们怎样看待自己的身份。因此，当你追求的目标是做一名医生（例如，以救死扶伤为目标）、一位母亲（例如，以带孩子、哄孩子睡觉为乐）或是一名老师（例如，你希望走近学习困难的学生）时，若你最终失败了，不但令人失望，还会动摇你对自己身份的认知。

能够从某个目标中解脱出来，对你个人的幸福安康至关重要，幸运的是，你可以学着做到这一点。成功地放弃目标，需要两个步骤。第一步，你得决定放弃是不是确实最适合你。试着回答下列问题（写出答案可能对你大有裨益）：

成功地放弃目标

1. **我为什么觉得实现这个目标有困难？思考能让我更加成功地实现目标的因素。它是：**

   a. 花更多的时间

   b. 付出更大的努力

   c. 采用新的方法

   d. 寻求专家的帮助

   e. 进一步增强的自制力

   f. 制订更好的计划

   如果答案是"我不具备这些"，那你错了。你具备其中的某些。再回答一次。

2. **我能够做到实现目标所需要的行动吗？我能找出时间或精力，或者能得到需要的帮助吗？如果答案是"不能"，你应该认真地考虑放弃目标了。**

3. **这一切行动，是不是代价太大？我是否会因此不高兴？是否需要放弃其他重要的目标？如果答案是"是"，你应当认真地考虑放弃目标了。**

只要你通过了这三个步骤并且决定放弃，尽最大努力做到干净利落，不要停留在这个问题上。反复纠结于一个无法实现的目标，会使它在潜意识中保持活跃，那样一来，你的潜意识就自然而然地混乱了（"这目标到底实现了还是没实现啊"），永远无法从目标中真正解脱。[6]

第二步是：你需要找到一个取代它的目标，如果还没有的话。

这一步极其重要，但我们常常忽略。不过，若你给予它足够的重视，你能活得更快乐一些，并且克服心头的懊悔。若你的事业不如人意，你想找什么样的工作？假如你厌倦了有氧操，健身房还能提供什么其他课程？如果你想离开你的浪漫伴侣（或是那个一点也不浪漫的伴侣），你将如何度过你本来打算和他一起生活的时光？研究显示，当放弃一个目标能带来另一个目标，或者跟另一个目标密不可分时，人们会很大程度上适应放弃的过程。将某个不现实的目标替换掉，实际上将帮助你保持前行和活力。你将勇往直前，而不是沉缅过去。[7]

要点回顾

◆ **你有毅力吗？** 愿意为目标长期投入、在困难面前也坚持不懈的人，比那些缺乏毅力的人更容易成功。

◆ **坚持下去！** 你可以通过选择合适的目标来增强毅力：谋求进步型目标以及自主选择的目标使人们更容易保持长期投入的状态。

◆ **怪自己不努力，不怪自己没能力。** 如果你相信实现不了目标是因为缺乏必要的能力，就不可能做出太多的改变……怎么说呢？就是一句话：你错了。努力、计划、坚持以及好的策略是实现目标的真正关键。认识到这一点，不仅能帮助你更好地看清自己和自己的目标，还能增强你的毅力。

◆ **你不可能拥有一切。** 认为自己能力不够而放弃目标，永远都是不明智的选择，但这并不意味着你必须抓住所有的目标不放。重要的是认识到，每天可用的时间与精力是有限的，有时你必须有所放弃。当实现目标并不现实时，勇敢地放手。

◆ **有的代价不必付出。**如果你能够实现自己很想实现的目标，但要付出的代价却太大，放弃也是完全没有问题的选择。有些牺牲是不值得的，比如太过痛苦或者需要我们放弃太多别的东西。

◆ **放弃旧目标，换成新目标。**若你想做个健康、知足的人，知道何时放弃太过艰难或者代价太高的目标是关键。为了让这个过程更容易也更有收获，请找个新的目标代替，从而使你保持参与感和使命感，并且在人生的道路上继续阔步前进。

第13章

给予反馈

　　反馈是实现目标的极其重要和必要的因素，假如没有反馈，我们好比在黑暗中摸索，不知道自己是不是走在正确的轨道上。如果你是家长、老师、教练或管理者，那么你的一部分职责就是为他人提供反馈。你得强调他们做得好的一面，也得指出他们做得不好的一面，帮助他们保持动力，以便在正确的轨道上前行。遗憾的是，并非所有的反馈都有帮助（你肯定也有切身体会），有些反馈基本上没什么用处，有些则更糟糕，甚至会起反作用，还不如什么都不说。即便你怀着最好的意图，给人褒奖与批评也很可能适得其反，而大多数人想不通为什么会这样。

　　给人反馈是门学问，这正是有的反馈行之有效，有的反馈适得其反的原因，这既没什么神秘之处，也不是偶然和随意的。知道说些什么和不说什么，并不是一种与生俱来的能力。如果你曾经在这方面搞砸过（谁又没有呢），可以学着从现在开始更好地给予反馈。在本章之中，我们将运用之前讲过的种种目标陷阱，重点告诉你如何给予你的员工、学生、孩子（以及其他你关心的人）适当的反馈，帮助他们保持动力、把握方向。

问你自己：在读这本书之前，告诉别人他表现不佳是因为不够努力、方法不对或者根本追求错了东西，你认为合适吗？助人为乐总是好的吗，即便在别人没有寻求帮助的情况下？当你想表扬学生或员工时，你该夸他们聪明、勤奋，还是该说你佩服他的毅力呢？你是不是应该不吝"溢美之辞"，还是只把赞美用在主要成就上呢？如果你问 10 名经验丰富的管理者或老师，你可能听到 10 种答案。

我承认，给人适当的反馈并不容易。表扬别人能力强，他们会飘飘然，在面临棘手的情况时，这样的褒扬也许反而会让他们掉下来，摔得更惨。表扬别人努力，有时好像在贬低别人的智力，却能让他更好地面对接下来的挑战。为了别人微不足道的小成就而连连赞美，往往会削弱他的绩效表现。但别担心，我说过，反馈是门学问，还是有基本的规律可循的。在后面的内容中，我总结出了几条规律，帮助你决定说什么以及怎么说。

当表现不尽如人意时

告诉别人他们的表现不够好，绝对不是件容易的事。没有人喜欢听坏消息，而给予建设性的批评，是一种很难掌握的技巧。很多人都犯过"可以理解"的错误，认为不伤害对方的感情是至高无上的原则。我们说"不是你的错""你已经尽力了"或者"这只不过不是你的强项而已"，不论这些话是不是准确，都是可以理

解的，因为我们不想做批评者，并且不想因为批评了别人而感到
难受。

但从动机的角度看，这种做法是短视的。感觉难受不仅是听到
诚实反馈后的不幸后果，也是必要后果。焦虑和悲伤对激发动力起
着关键性的作用，它们会使大脑做出反应，以摆脱这些情绪。负面
情绪迫使你把注意力集中在手边的事和资源上，为你的奋斗增添动
力。如果你剥夺了别人对低下绩效的责任感，也就剥夺了他们的控
制感，试想一下，如果人们不去为过去所做的事情负责，又怎么在
未来的表现中进步呢？当然，我并不是让你竭尽全力使员工、学生
（或自己）在挣扎中沮丧，远非如此。关键在于，能够有效激发动力
的反馈常常不那么悦耳，所谓"忠言逆耳"，而这没什么了不起的。
为了对方好，你不该因为担心后果而闪烁其词，从而不说对方最该
听到的东西。

当别人遇到困难时，关键是要给予他这样的反馈：使他相信成
功仍是可以做到的。没有什么比自我怀疑更使人泄气的了（尤其对
进取型个性的人来说，从"收获"的视角来看待目标的人，对悲
观的批评最为敏感）。所以，当你给出负面反馈时，要注意如下几
点，以确保接受反馈者真正受益。

首先，要尽可能具体地指出问题所在，以免你和接受反馈者
过于笼统地理解问题。当我们把低下的绩效归咎于广泛的能力（如
"我不擅长数学"）而不是具体技巧（如"我得重温统计学"）时，
更容易使接受反馈者失去信心和进步的动力。在给人反馈时，不要
说你的沟通技巧太差了，而应该告诉他们具体该从哪些方面改进
（什么该说，什么不该说，怎么说等）。

不要说：鲍勃，你不懂得沟通。

而是说：鲍勃，我想更好地了解你项目的进展情况以及你的时间安排。我们以后每周简要地面谈一次，以便我更好地了解情况。

（鲍勃也许早就知道自己不善于沟通，提醒他这一点，除了强化这个感受以外，没有任何作用，但如果你指出提高沟通能力的具体行动方式，他会感受到更多自主权。这是他能做的具体改变。）

还请记住一点，不太自信的人更容易笼统地理解负面反馈。有一次，利哈伊大学邀请一位嘉宾到我们系里演讲。此人虽然声名显赫，却缺乏安全感。在演讲结束前，我的同事为弄明白演讲中的一个内容而提问，他竟勃然大怒，拂袖而去。后来说起这件事时，他严肃地说我的同事侮辱了他。他的大脑就这样莫名其妙地把"你在那项研究中是如何测量自信的"这个提问理解为"你就是个白痴"这句侮辱。这种事情你无法完全地避免。不过，对那些明显信心不足的人提出负面反馈时，要尽可能地具体化。[1]

当我们觉得事情失控时，这种感觉会导致悲观，甚至会导致抑郁。相反，当我们觉得一切尽在掌握时，这种感觉会带来自信和乐观。所以，当你提出批评时，一定不要剥夺对方对他自身绩效的掌控感。当对方的绩效不理想时，最好是别让他轻松地摆脱跟这种绩效的关系，不论他有多想摆脱。我们得对自己的失败负责，从而才能使我们感到还有改变的能力。如果你感觉别人的绩效差是因为他不够努力或者需要尝试新方法，大胆地告诉他。但是，要具体指出员工或学生有能力做到的改变，从而保护他们的自信。

不要说：别担心化学不及格的事了，简，你生来就没有学科学的脑子，不过，你瞧你，多擅长写作啊！

而是说：简，我觉得你并没有为化学考试做足准备。你没有拿出对写作的劲头来学化学。让我们聊一聊你花了多长时间学化学，用的是什么方法，看看在下次考试中能不能有所提高。

有时候，学生或员工尽管确实很努力，不幸的是，依然未能实现目标，在这种情况下，我们很容易称赞他们的努力，试图安慰他们："别难过了，你已经尽力了！"虽然这种反馈怀着一片好意，但必须尽量避免。首先，研究表明，在努力没有带来相应的结果时听到别人赞赏自己付出的辛劳，更会让被赞赏的人觉得自己笨，这与你的意图恰恰相反。当对方认真的付出没有取得相应的成效时，不要对他说任何赞赏的话，而要把反馈的焦点集中在纯粹的信息上。在哪些方面可以有所改变？如果问题并不是没有努力，那么，无效的方法往往是罪魁祸首。更好地做好计划是否有所帮助？当你的责任是给予反馈时，请你记得：帮助学生或员工找到改进的办法，与意识到哪里出错，是同样重要的。

当表现令人满意时

表扬别人真的也有表扬错的时候吗？大多数人会不假思索地承认，批评的确分为建设性与伤害性两种，但要说到表扬的对与错，那就要犹豫一下了。实际上，表扬也有可能增强或削弱他人的动力，这取决于你表扬的内容和方式。有研究显示，一方面，的确和你想的一样，赞美他人会增强自信心和决心。我们被人夸奖之后，通常会更热爱所做的事，更主动地投入。另一方面，赞美也会制造不必要的压力，使人们过于注重保持目前的表现，不敢冒险，也会削弱自主意识。所以，我们在对别人说"好样的"的同时，要怎样使他实现目标的动力越来越足，而不是一不小心浇灭了这种动力？

2002年，心理学家珍妮弗·亨德隆（Jennifer Henderlong）和马克·莱佩尔审阅了围绕赞扬的效果的诸多研究成果，发现对优秀绩效的反馈必须基于如下五个准则才能产生积极的作用。[2]

> **准则一：** 赞扬应当真诚，或者最起码要听起来真诚。缺乏诚意最明显的表现莫过于包含其他不明的动机。如果别人觉得你在试图操纵他为你做些什么么，或者认为你只是想哄他们开心，那么你的赞扬便会显得缺乏诚意。当你表扬他的热情过了头时，也会显得虚伪（"这是我这辈子见过的最好的季度报表"），所以要小心，别太亢奋。

另外还要注意，赞美不宜过于笼统（"你总是那么大方"）。这会使人很容易地举出反例（"我给的小费总是不足约定俗成的15%，那又算什么呢"），所以尽可能地使赞美具体化。

> **不要说：** 菲尔，今年你的表现太不可思议了！你真是个理想的员工！
>
> **而是说：** 菲尔，客户史蒂文斯那个项目你做得真棒，我真的很看好你！那个情况很难处理，你很好地胜任了。我很感谢你今年的努力。你超出了我的期望！

当某个人根本没有努力时，别夸他努力；当某个人还处在学习阶段时，别夸他有能力，你谁也骗不了，而且不但无法给人动力，还会让人难堪。表扬他人微不足道的小成就（"哇！你的字写得真清楚"），也会使你显得虚伪，甚至让对方感觉很失败（"她真的在夸我字写得清楚吗？难道她觉得我那么蠢，为我感到悲哀吗"）。没有哪个人希望因为自己没做的事、做坏了的事或者不值得的事得到表扬。

如果你想显得真诚，也请你保持言行一致。如果你避免目光接触，或者说话前停顿太长（好像在没话找话），听者就会好奇地想，为什么你表现出的状态与话语中的内容不符。最后一点：避免溢美之辞，而是要让人们知道，你只有在看到优秀表现时，才会真心地赞美。当然，对他人当之无愧的赞美，也决不要吝惜"溢美之辞"。

> **准则二**：只要有可能，你的赞美应该强调对方控制范围之内的因素。如果表扬别人天生或固有的能力，那么事情一旦变困难，就可能出现问题了。如果你对一个考试拿了高分的孩子说"汤米，干得好！你太聪明了"，那么，若是他没考好时会怎么想？反之，夸奖他的勤奋、毅力、有效策略和决心会让他明白这些才是成功的要素，这样的话，他在遇到困难时才能迅速恢复并理性应对。

这第二条准则的重要性在卡罗尔·德韦克和克劳迪娅·米勒（Claudia Mueller）开展的一系列研究中得到了充分的体现。他们让五年级学生做一套相对容易的题目，并且表扬了他们的优秀表现。[3]

在表扬时，他们对其中一半的学生着重强调能力（"你做得真好！你在这方面一定非常聪明"），而对另一半的学生则着重强调勤奋（"你做得真好！你一定在这上面下了不少功夫"）。接下来，研究者再让学生做难度极高的 10 道题，这些题目难到了没有哪个学生能够做对两道的地步。最后，研究者再让学生做第三套题目，难度与第一套相同。

德韦克和米勒发现，与第一套题目相比，被研究人员称赞聪明的一半学生，在第三套题目中的表现远远落后于另一半学生。在第一套题中的优秀表现使他们变成"聪明"的学生，但在做第二套题时做对的不超过两道，意味着他们已经不再"聪明"。这些学生丧失了信心和动力，以至于在最后一套题上表现糟糕。

而那些被研究人员称赞用功的学生则表现出不同的规律，他们在第三套题上的表现比第一套还好。因为他们知道，好成绩来源于"用功"，在经历了第二套难题后，他们在第三套题上更下功夫了。这些学生获得了自信和动力，也取得了更好的成绩。

我必须承认，听到自己因为聪明智慧而获得别人的赞扬，比听到"你真努力"之类的称赞，感觉要好很多。与听人夸自己用功相比，谁不愿意听人夸自己聪明呢？我们都本能地理解这点，所以，我们脱口而出的赞美，也是对能力的赞美。但你得问问自己是感觉重要还是为成功做出更好的准备重要呢？如果答案是后者，你需要相应地调整你的赞美方式。

我并不是说永远不能赞美别人的能力，当我做好一件事时我的母亲夸过我聪明，我也会对我的孩子说同样的话。重点是要避免单独对能力提出赞美，只要你还表扬了努力与得当的方法，那么，称赞对方的能力便没有问题了。你只是要避免给对方留下"成功是能力所致"的错误观念，因为事实并非如此。成功通常靠走对路、坚持以及保持动力，你必须把它归功于当之无愧的原因。

不要说：汤米，干得好！你太聪明了！

而是说：汤米，干得好！这次你为化学考试付出了不小的努力，我真为你骄傲！你学到的真不少！

准则三：在表扬别人时，切勿把对方与他人做比较。与第二条准则相似的是，与他人比较，容易使我们从能力的角度看成就，从而忽略了更可控的因素，例如勤奋与方法。研究显示，当学生和员工明确得知自己的表现将被与他人比较时，往往更加注重表现自我，以证明自己的技能，而不是提升那些技能。当我们获得的表扬侧重于与他人的比较时，会太过注重自己在别人心中的形象，于是只顾忙着继续证明自己。而这会影响我们今后的成绩。

表扬应该侧重于和自己比较，而不是和其他人比较。与其在学生或员工之间进行比较，不如对比一个人目前和过去的表现。对进步的表扬，能强化对方对进展的追求。

不要说：丹，你是全系最好的研究生！

而是说：丹，你比刚来的时候进步了很多！你已经成长为一名真正的一流学者了！

准则四：表扬不应当剥夺对方的自主感受。还记得吧，奖励和压力都具有控制力，它们使人把注意力从事物本身转移出去。若是告诉别人"如果继

续有这种表现，你将获得奖励"或者"如果你
能坚持这种表现，我会觉得你非常了不起"，会
把关注点转移到外在认可上，例如奖金或爱。
最糟糕的情况是：原本有内在动力、感兴趣并
热爱所做的事的学生或员工，会渐渐地由于外
界因素以及为获得表扬（或其他好处）而行动。
让你的赞美之辞有具体对事的针对性，试着尊
重他人的感受和选择，支持他人的自主权。

不要说：安妮，如果你能一直取得这么好的数学成绩，
我会为你骄傲的。

而是说：安妮，我真为你骄傲！看到你对数学那么感兴
趣，我真心高兴！

准则五：表扬应当始终传达可达到的标准或期望值。承认
他人的成绩，是给人动力以继续努力的绝佳方
式，但有时候，我们的热情总使我们把话扯得太
远。我们希望我们的学生、员工或者我们爱的人
知道，在我们心里，他只要肯努力，什么都能做
得到，我们试图用表扬给他们增加信心，但一不
小心也暗示了我们那永无止境的期待。

夸奖一个有前途的学生"肯定能上哈佛大学"，夸奖一个天赋很
好的运动员是"未来的奥林匹克选手"，听起来也许是完全无害的赞
美，但这种话听多了，就容易觉得别人不会接受比它低的标准。我
并不是说我们不能确立高标准的要求，但你的赞美要切合实际。要

知道，每年都有成千上万既天资聪颖又成就非凡的学生被哈佛大学拒绝，而能够进入国家队参加奥运会的运动员，也只是杰出运动员中的极小部分（只要想一想，如果你在奥运会举办那年在整个美国范围内跑了个第四名，那也太慢了点，无法代表国家参加奥运会）。

记住，最好是鼓励学生或员工去树立有难度却仍然可能实现的目标。别提什么上哈佛、进奥运，你可以对那个成绩出色的学生说"肯定能考进好大学"，对那个杰出运动员说"肯定能在大学运动队中脱颖而出"，当然，你也不妨明确地指出，这得以他们会继续努力为前提。

> **不要说**：如果你继续这样出色的表现，我将会在大联盟里看到你的身影。
>
> **而是说**：太棒了！你有极大的潜力！现在，咱们一起看看你如何给自己更难的挑战，争取更大的进步！

说到给人提出好的反馈，你要仔细考虑对你关爱的学生、员工和孩子说些什么，这是你的责任。我们说过的话对对方动力的影响，往往比想象中大得多，所以，我们应当认真地对待自己说过的每一句话。如果有人在关注你给出的答案，你一定要向他们传达适当的信息，也就是既能鼓舞斗志又有现实指导意义的信息，以激励他们不断前行。

要点回顾

◆ **实话实说**。不能因为顾及对方的感受而不说实话。告诉别人"不是你的错"或者"你已经努力了"，也许能让他们好过些，但同时也使他们觉得束手无策、毫无动力。人们要为自己不够勤奋和不当的策略负责，只有这样，才能激励自己在未来的日子里做得更好。

◆ **保持积极与实用**。在批评别人时，重要的是传达这样一个信息：只要对方做出正确的行动，就有可能取得成功。要具体地指出问题的本质以及解决的方法。

◆ **表扬应当真诚**。若想增强而不是削弱他人的动力，表扬必须听上去是真诚的。过于浮夸、笼统或频率太高的表扬，都会让人觉得不真诚。把表扬留给真实的、得到很好执行的、值得你赞叹的成就。

◆ **表扬对事不对人**。表扬应侧重于对方可控的行为。强调勤奋、正确的方式、决心与毅力，不要夸奖人们天生的或觉得难以改变的能力。

◆ **避免和他人比较**。不要直接在学生、员工或孩子间进行相互比较的那种表扬。你不如拿他们的过去与现在进行比较，这样便强调了进步的价值，从而把他们的注意力集中到进步中去。

◆ **他们绝不能以获得表扬为目的**。别让表扬与奖励削弱了他人的自主感。承认别人的选择与感受，这样能使他们专注于所做的事情中。宝贵内在动力需要人们的呵护，只有这样，才能取得成功。

◆ **再次提醒：一定要切合实际**。表扬（和批评）始终应该反映真实的、可达到的标准和期望值。小心别让夸张的语言（比如"你可以成为最好的"）把你的学生、孩子或员工淹没在太想变得完美的压力中。

结　语

　　我强烈反对以绝对的口吻对任何事做出预测。这也许跟我接受的多年科学训练有关，那些训练要求不做出任何数据都不支持的声明。对这个要求，我时刻铭记。或者，可能我只是不想冒险罢了。很多人向我指出过，我极其讨厌犯错（对他们的话，我总是回答"谁不是这样呢"）。

　　尽管如此，我却对下面这个关于你的预测感到十分自信，虽然我还不认识你。我百分之百地确信：读完这本书，你实现目标的能力已经比过去强些了。

　　我在书中描述的每一条动机原则和给出的每一条建议，你都可以拿去为你所用，而这完全是你力所能及的事。我希望你读完这些内容之后，对过去哪里做得好和哪里出了错有全新的认识，也希望你知道如何改正那些错误，从而重新回到正轨上来。

　　在实现目标的道路上，没有哪个问题是无解的：你可以提高自制力并加以运用，可以做更有效的安排，可以学会更加切合实际的乐观，可以增强毅力，可以采用对你来说更容易且更有趣的方式理解某个目标，还可以选择合适的策略和淘汰无效的策略。如果有必要的和正确的理由，你也完全可以放弃一个目标，而用得当的方式进行这个过程，还能使你成为更快乐、更健康的人。

　　我知道你能做到这些，因为任何人都能。而且，你不需要任何特殊的天赋和品质。你不必变成别人也能更成功。你所需要的只是真正有用的知识，为目标而行动的意愿以及些许的练习而已。读了这本书，你就拥有了实现目标所需的知识，选择这本书，也就证明了你有实现目标的意愿。现在，该把所有这些全都付诸行动了。

　　你准备好了。现在，启航吧！

额 外 收 获

现在，你已经读完了这本书，若你感到这本书中介绍的、你必须吸收进去的所有新内容有点太多了，让你一时吃不消，不会有人责怪你有这种想法。毕竟，尽管我在这个专业领域打拼了 20 年，但有时候在试图实现某个目标时，仍然忘了采取某个重要的措施，或者很难理解自己哪些地方错了。因此，我在这本书的平装版中增加了两部分"额外收获"的内容，读者们会发现，这些内容格外有帮助。

第一部分"额外收获"的内容，是我为《哈佛商业评论》（*Harvard Business Review*）名为"对话"的博客网站原创撰写的一篇文章，文章的题目是《成功人士与众不同的 9 种做法》（*Nine Things Successful People Do Differently*）。帖子甫一发表，就成为几个月来最受欢迎的帖子。它萃取了这本书的精华，将其浓缩为你可以一再翻阅的九条"原则"。你可以将它们打印出来，钉在桌子上或粘在冰箱上，以便它们迅速而有效地提醒你可以做些什么。

第二部分"额外收获"的内容称为"目标故障诊断与解决"。我为访问我的网站的网友制作了这个问答环节，以帮助他们在实现目标过程中遇到困难时准确地知道问题出在哪里。一旦你搞清楚了问题是什么，"目标故障诊断与解决"还将告诉你解决办法，并指引你参考这本书的哪一章，从中找到你的特定问题的答案。

　　我希望"目标故障诊断与解决"和"成功人士与众不同的9种做法"能够帮助你最好地运用这本书中的知识。有人曾问我希望读者怎样利用这本书，我回答说，我希望他们能够经常翻一下，希望这本书能够帮助他们克服人生中的种种挑战。今天，你的问题也许是拖延，明天，你的问题可能是诱惑。不同的问题，需要采用不同的策略。但不论什么时候，只要你在完成目标时遇到了麻烦，回头读一读这本书，说不定就能从中找到你需要的答案。

成功人士与众不同的 9 种做法

　　为什么你在实现你的某些目标时如此成功，在另一些目标上却并非十分成功？如果你不确定，那我告诉你，你的这种困惑，很多人都有。事实证明，即使是极其聪明、高度成功的人士，在谈到他们为什么成功或失败时，也表现得十分糟糕。基于直觉的答案——也就是说，你可能在某个方面天生就拥有天才，但在另一些方面却缺乏禀赋——真的只是这个问题的小部分答案。事实上，数十年来围绕成功而展开的研究表明，成功人士之所以能达成他们的目标，不仅仅因为他们是什么人，更多的时候还因为他们做了什么事情。

1. 明确。

　　你在设定目标时，试着尽可能明确。"减掉四五千克体重"这个目标比"减一些体重"的目标更好，因为它让你清楚地知道成功是什么样子。准确地知道你想要做到些什么，能够在你真正做到之前一直受到激励。此外，还要思考一下，为实现目标，你需要采取哪些具体行动。只是承诺"少吃点"或者"多睡点"，未免太过模糊。要做到清晰而精确。"工作日的晚上，我会 10 点准时睡觉"这样的目标，没有给你需要做的事情留下任何余地或怀疑，不论你最后是不是真的做到了。

2. 抓住机会实现目标。

鉴于我们每个人都很忙，也鉴于我们有许多的目标要一下子煞费苦心地去完成，可以想见，我们常常会错失实现目标的机会，因为我们没有注意到机会的出现。你是不是真的没有时间今天实现你的目标？你任何时候都没机会去回那个电话吗？实现目标，意味着在这些机会从你指间悄悄溜走之前，紧紧地抓住它们。

为抓住机会，事先要确定你在什么时候、什么地方希望采取的每一步行动。同样，要尽可能明确（例如，"如果今天是周一、周三或周五，我要在上班之前锻炼半个钟头"）。研究表明，这种事先计划将帮助你的大脑在机会刚一出现的时候立马察觉并抓住它，这大致能使你的成功概率提高 30%。

3. 准确知道还有多远的路要走。

实现目标还要求你实事求是并定期监控你的进展——如果不是由别人来监控，那就是由你自己监控。如果你不知道自己做得怎么样，就不可能相应地调整你的行动或策略。经常地观察你的进展，取决于你的目标是什么，可能需要每周甚至每天观察一下。

4. 做一名现实的乐观主义者。

你在设定目标时，想尽一切办法对怎么实现它进行大量的积极思考。相信你有能力成功实现目标，对催生和保持前进的动力极其有益。但是，不论你做什么，不要低估实现目标的难度。大多数值得去奋斗的目标，需要花费时间、精心计划、付出努力和坚持不懈。研究表明，把你将会遇到的事情想得十分容易和毫不费力，将使你在实现目标的旅途中缺乏准备，并且使失败的可能性明显增大。

5. 把关注点放在"谋求进步"而不是"展示才华"上。

相信你能够实现目标固然重要，但同样重要的是相信你可以获得实现目标的能力。很多人认为，我们的智商、个性、身体条件都是固定不变的，不论我们做些什么，都不可能改进它们。结果，我们会着重关注那些证明自己能做什么的目标，而不是着重于提升和获取新的技能。

幸运的是，数十年来的研究成果表明，能力固定不变的理念（实体论）是完全错误的。我们的各种能力，都具有深刻的可塑性。相信你自己可以改变，并且乐于接受这个事实，你便能做出更好的选择并发挥出最大的潜力。以"谋求进步"而不是"展示才华"为目标的人将从容应对困难，并且会像欣赏最终的结果那样欣赏奋斗的历程。

6. 有毅力。

毅力是一种致力实现长远目标并且在面对困难时百折不挠的意

愿。研究表明，有毅力的人在其一生中会获得更多的教育，并且在大学中平均成绩更高一些。毅力预示着西点军校的学员能否成功度过艰苦的第一年。事实上，毅力甚至还预示着斯克里普斯全国拼字比赛的决赛选手能否在比赛中摘取桂冠。

好消息是，如果你觉得自己此时此刻并不是特别有毅力，可以想办法来改变。通常来讲，缺少毅力的人认为，他们不具备成功人士所拥有的天赋。如果这也是你的想法……嗯，最好的说法是：你错了！正如我之前提到的那样，付出努力、精心策划、坚持不懈、研究好的方法，才是成功之道。乐于接受这些知识，不仅能使你更准确地看待自己及目标，还能奇迹般地提升你的毅力。

7. 增强自制力。

每个人的自制力就像身体的肌肉组织一样，时间长了，不去练它，它就会松松垮垮，越发无力。一旦你经常练它，它就会愈练愈强，更加能够帮助你实现个人目标。

增强意志力，需要你接受一些自己并不乐意的挑战。放下高脂肪的零食，每天做 100 个仰卧起坐，感觉没精打采的时候站直身子，试着学习一项新技能，等等。当你退缩，想要放弃或者感到厌烦时，坚持下去！从一件事情开始着手，为可能出现的困难制订应对之策（比如，对自己说"我要是很想吃零食了，就吃一口新鲜水果或三块干果"）。万事开头难，但只要开好了头，会逐渐变得容易，这就是关键。随着你的自制力增强，你可以接受更多的挑战，并且加快训练自制力的步伐。

8. 不向命运挑战。

不管你的自制力有多么强大，重要的是要始终尊重这样一个事实：自制力是有限的，如果超过了它的限度，你将暂时性地感到筋疲力尽。如果你安排得过来，不要同时执行两件具有挑战性的任务（例如在戒烟的同时节食）。不要到处挑战困难，很多人过度相信自己能够抵抗诱惑，结果反而使自己沉浸于诱惑的泥沼中无法自拔。成功人士不会把目标故意设置得太难。

9. 把注意力放在你要做的事情上，而不是你不要做的事情。

你想成功地减肥、戒烟和改掉坏脾气吗？那就考虑如何用一些好习惯来取代这些坏习惯，不要成天只盯着这些坏习惯。关于思维抑制的研究表明，你越是抑制某个念头（例如，"不要想着白熊"），这个念头就会在你的大脑中越发活跃。这一研究结果同样适用于人类的行为，人们越是努力不要养成坏习惯，坏习惯反而会变得根深蒂固。

如果你想改变自己的行为方式，问你自己，我能做点别的什么呢？例如，你想设法控制住脾气，不要再大发雷霆，就得制订一个计划，好比这样："如果我开始感到愤怒了，就深呼吸三次，让自己平静下来。"作为一个替代行为，像这样通过深呼吸来控制住怒气，随着时间的推移，会使你的坏习惯慢慢消逝，直至完全消失。

目标故障诊断与解决

我们在努力实现一个十分艰巨的目标时，面临的最大问题并不是了解为什么一开始就碰到这么多麻烦。对于我们为什么成功或失败，我们自己的直觉不是十分准确，所以，到头来往往会把所有的不顺归咎到错误的原因上。

回到正轨，首先要想清楚是什么让你偏离正轨的。回忆一个你曾经在实现过程中遇到麻烦的目标，并试着用下面这个简短的问答，让自己知道真正的问题可能是什么。

幸运的是，不论我们在追求目标的过程中遇到了怎样的陷阱，都有一种有效的解决办法。关于我在这里提到的每一种解决办法的详情，都能参考这本书中相对应的章节。

1. 你是不是经常发现日子已经过去了，你却没有做任何事情来实现你的目标？

     如果是……

     问题： 让机会从你的指间溜走。

     解决办法： 进行"如果……那么……"式的计划。准确地确定你将在什么时候、什么地点采取你需要采取的行动，将使你的成功概率倍增（第 9 章）。

2. 你在生活中其他方面的某些目标是不是妨碍了你实现当前的这个目标？

如果是……

问题：想要兼顾相互冲突的目标。

解决办法：从目标的真正成本的角度来评估它们（第 12 章）；更多地制订"如果……那么……"式的计划（第 9 章）。

3. 你是不是认为，实现你的目标，取决于你是否具有某种特定的能力，也就是那种你要么有，要么没有的能力？

如果是……

问题：相信你的能力是天生的或者不可改变的。

解决办法：了解人们的能力为什么并不是单纯地以天赋为基础，以及可以怎样来提升能力（第 2 章）。

4. 你有没有感到沮丧并且长时间地彻底放弃对这个目标的追求？

如果是……

问题：你过度专注于展示才华，而不是谋求进步。

解决办法：学会怎样重新聚焦你的目标，并了解为什么要这么做（第 3 章）。

5. 你是不是觉得难以抗拒地想做某件与你的目标相冲突的事情？

如果是……

问题：你需要更多的意志力。

解决办法：增强意志力（第 10 章）。

6. 在有些时候，你抵抗诱惑的能力是不是显得特别弱？

如果是……

问题：意志力在过度使用后变弱了。

解决办法：当意志力低下时学会怎样提升它，或者运用"如果……那么……"式的计划来避开这个问题（第9章和第10章）。

7.为了实现某个目标，你是不是一直盯着某种特定的方法，而不去试着采用其他不同的方法？

如果是……

问题：你可能没有采用最适合你的方法。

解决办法：了解是什么在激励你，并且了解对你和与你有着相同特点的人最合适的方法（第4章）。

8.你对自己最终将实现这个目标是不是感到有信心？

如果不是……

问题：你需要相信自己能够成功。

解决办法：集中你的精力，了解你为什么应当有信心（第11章）。

9.你是不是将实现这个目标的场景描绘得很轻松、很容易？

如果是……

问题：你不是一个切合实际的乐观主义者。

解决办法：了解为什么某种"积极思考"是通向失败的根源，并且理解乐于接受挑战将怎样为你带来真正的回报（第2章和第11章）。

致　谢

　　如果没有我的好朋友兼经纪人（顺序不能颠倒）加尔斯·安德森（Giles Anderson）坚定的支持与卓越的指导，这本书便不可能成形，更不可能出版。加尔斯，除了另一个人之外，你是我从酒吧里认识的最好的人。

　　大体来讲，学术型的作者写出来的东西很糟糕。我们会创造一些新的词语来代替原本好端端的词。我们非要把某个简单而直接的想法拐弯抹角地说出来。我们接受了多年的训练，掌握了用极其无聊的方式阐述十分有趣的想法的艺术。所以我必须感谢我那神奇又耐心的编辑卡萝琳·萨顿（Caroline Sutton），是她在我每次沉沦到旧习惯中的时候把我拯救出来。

　　我对许多帮助过我了解动机学原理的朋友以及心理学界同仁深表感谢。在这里要特别感谢我在哥伦比亚大学、纽约大学以及利哈伊大学的同事们，特别是肖恩·古费（Shawn Guffey）、戈登·莫斯科维茨（Gordon Moskowitz）、彼得·戈尔维策、加布里埃尔·厄廷根、贾森·普拉克斯（Jason Plaks）、丹·莫尔登和乔·塞萨里奥（Joe Cesario）。

我在攻读硕士学位期间，有幸获得了两位既杰出又慷慨的导师的教导。我要感谢托里·希金斯，他总是把我那些不太成熟的想法塑造得几近可行（然后还要说服我，说那都是我的功劳）。库尔特·勒温（Kurt Lewin）曾说过，"再没什么比优秀的理论更加实际了"，托里让我相信了这句话。

我从卡罗尔·德韦克那里学到了太多东西，但和这本书关系最紧密的是她教给我的两条关键技巧，而它们常常被学术人士所忽略：如何讲故事，以及如何用直白、正常的语言讲故事。事实证明，这两条技巧确实是有益的。

我要感谢我的丈夫乔纳森·霍尔沃森（Jonathan Halvorson）。他克服了他那天生的秉性（从好里说，这种秉性叫作"小心地乐观"）以及对"过度赞美"的排斥，成为这本书最热忱、最高调的支持者，同时也极力支持我写这本书的决定。其实，这还证明了嫁给哲学家的一个额外好处，那便是：当你不确定某些内容是否符合逻辑时，他仿佛从一英里外就能发现其中的漏洞。

我的父亲乔治·格兰特（George Grant）从我五岁起总把我放在沙发上教我识字。那本《小火车头做到了》(*The Little Engine That Could*)，他为我念了将近 7000 次。我觉得我最终写了本关于动力与毅力的书，真的不是巧合。所以，谢谢你，爸爸，谢谢你给我的灵感（还要感谢你费劲教我识字，我小的时候肯定不怎么领情）。

如果你喜欢读这本书，那真该谢谢我的妈妈西格丽德·格兰特（Sigrid Grant）。她是我的回声板、啦啦队长兼 36 年来最严厉的批评家，而当我写这本书时，我妈妈也演好了以上的任何一个角色。她逐字逐句地通读我的稿子，并把很多地方改得更加巧妙。所以，谢谢你，妈妈，谢谢你的热情和耐心，谢谢你告诉我某些章节的初稿"读起来就像高中生写的读书报告"。要是你不帮我，我真的不知道该怎么办。

参 考 文 献

引言

1. R. F. Baumeister, E. Bratslavsky, M. Muraven, and D. M. Tice, "Ego-Depletion: Is the Active Self a Limited Resource?" *Journal of Personality and Social Psychology* 74 (1998): 1252–65.
2. From the January 2009 issue of *O, The Oprah Magazine*.
3. M. Muraven and E. Slessareva, "Mechanisms of Self-Control Failure: Motivation and Limited Resources," *Personality and Social Psychology Bulletin* 29 (2003): 894–906.
4. M. T. Gailliot, E. A. Plant, D. A. Butz, and R. F. Baumeister, "Increasing Self-Regulatory Strength Can Reduce the Depleting Effect of Suppressing Stereotypes," *Personality and Social Psychology Bulletin* 33 (2007): 281–94.

第 1 章

1. E. Locke and G. Latham, "Building a Practically Useful Theory of Goal Setting and Task Motivation," *American Psychologist* 57 (2002): 705–17.
2. G. Latham and E. Locke, "New Developments in and Directions for Goal-Setting Research," *European Psychologist* 12 (2007): 290–300.
3. Items adapted from R. Vallacher and D. Wegner, "Levels of Personal Agency: Individual Variation in Action Identification," *Journal of Per-*

sonality and Social Psychology 57 (1989): 660–71.

4. R. Vallacher and D. Wegner, "What Do People Think They're Doing? Action Identification and Human Behavior," *Psychological Review* 94 (1987): 3–15.

5. Y. Trope and N. Liberman, "Temporal Construal," *Psychological Review* 110 (2003): 403–21.

6. S. McCrea, N. Liberman, Y. Trope, and S. Sherman, "Construal Level and Procrastination," *Psychological Science* 19 (2008): 1308–14.

7. T. Parker-Pope, "With the Right Motivation, That Home Gym Makes Sense," *New York Times*, January 6, 2009.

8. G. Oettingen, "Expectancy Effects on Behavior Depend on Self-Regulatory Thought," *Social Cognition* 18 (2000): 101–29.

9. D. Gilbert, *Stumbling on Happiness* (New York: Knopf, 2006), p. 27.

10. G. Oettingen and E. Stephens, "Mental Contrasting Future and Reality: A Motivationally Intelligent Self-Regulatory Strategy," in *The Psychology of Goals*, G. Moskowitz and H. Grant, eds. (New York: Guilford, 2009).

第 2 章

1. Items adapted from C. S. Dweck, C. Chiu, and Y. Hong, "Implicit Theories: Elaboration and Extension of the Model," *Psychological Inquiry* 6 (1995): 322–33.

2. C. S. Dweck, *Mindset* (New York: Random House, 2006).

3. Y. Hong, C. Chiu, C. Dweck, D. Lin, and W. Wan, "Implicit Theories, Attributions, and Coping: A Meaning Systems Approach," *Journal of Personality and Social Psychology* 77 (1999): 588–99.

4. C. Erdley, K. Cain, C. Loomis, F. Dumas-Hines, and C. Dweck, "Relations among Children's Social Goals, Implicit Personality Theories, and Responses to Social Failure," *Developmental Psychology* 33 (1997): 263–72.

5. J. Beer, "Implicit Self-Theories of Shyness," *Journal of Personality and Social Psychology* 83 (2002): 1009–24.

6. R. Nisbett, *Intelligence and How to Get It* (New York: W. W. Norton, 2009).

7. L. Blackwell, K. Trzesniewski, and C. Dweck, "Implicit Theories of Intelligence Predict Achievement across an Adolescent Transition: A

Longitudinal Study and an Intervention," *Child Development* 78, no. 1 (2007): 246–63.

8. R. Nisbett, *Intelligence and How to Get It* (New York: W. W. Norton, 2009).

9. J. Bargh, P. Gollwitzer, A. Lee-Chai, K. Barndollar, and R. Troetschel, "The Automated Will: Nonconscious Activation and Pursuit of Behavioral Goals," *Journal of Personality and Social Psychology* 81 (2001): 1014–27.

10. J. Shah, "Automatic for the People: How Representations of Significant Others Implicitly Affect Goal Pursuit," *Journal of Personality and Social Psychology* 84 (2003): 661–81.

11. H. Aarts, P. M. Gollwitzer, and R. R. Hassin, "Goal Contagion: Perceiving Is for Pursuing," *Journal of Personality and Social Psychology* 87 (2004): 23–37.

第 3 章

1. Items adapted from H. Grant and C. Dweck, "Clarifying Achievement Goals and Their Impact," *Journal of Personality and Social Psychology* 85 (2003): 541–53.

2. A. J. Elliot, M. M. Shell, K. Henry, and M. Maier, "Achievement Goals, Performance Contingencies, and Performance Attainment: An Experimental Test," *Journal of Educational Psychology* 97 (2005): 630–40.

3. L. S. Gelety and H. Grant, "The Impact of Achievement Goals and Difficulty on Mood, Motivation, and Performance," unpublished manuscript, 2009.

4. H. Grant and C. S. Dweck, "Clarifying Achievement Goals and Their Impact," *Journal of Personality and Social Psychology* 85, no. 3 (2003): 541–53.

5. D. VandeWalle, S. Brown, W. Cron, and J. Slocum, "The Influence of Goal Orientation and Self-Regulation Tactics on Sales Performance: A Longitudinal Field Test," *Journal of Applied Psychology* 84 (1999): 249–59.

6. K. A. Renninger, "How Might the Development of Individual Interest Contribute to the Conceptualization of Intrinsic Motivation?" in *Intrinsic and Extrinsic Motivation: The Search for Optimal Motivation and*

Performance, C. Sansone and J. M. Harackiewicz, eds. (New York: Academic Press, 2000), pp. 375–407.

7. A. Howell and D. Watson, "Procrastination: Associations with Achievement Goal Orientation and Learning Strategies," *Personality and Individual Differences* 43 (2007): 167–78.

8. R. Butler and O. Neuman, "Effects of Task and Ego Achievement Goals on Help-Seeking Behaviors and Attitudes," *Journal of Educational Psychology* 87 (1995): 261–71.

9. H. Grant, A. Baer, and C. Dweck, "Personal Goals Predict the Level and Impact of Dysphoria," unpublished manuscript, 2009.

第 4 章

1. E. T. Higgins, "Beyond Pleasure and Pain," *American Psychologist* 52 (1997): 1280–1300.

2. J. Keller, "On the Development of Regulatory Focus: The Role of Parenting Styles," *European Journal of Social Psychology* 28 (2008): 354–64.

3. A. Y. Lee, J. L. Aaker, and W. L. Gardner, "The Pleasures and Pains of Distinct Self Construals: The Role of Interdependence in Regulatory Focus," *Journal of Personality and Social Psychology* 78 (2000): 1122–34.

4. J. Shah and E. T. Higgins, "Expectancy X Value Effects: Regulatory Focus as Determinant of Magnitude and Direction," *Journal of Personality and Social Psychology* 73 (1997): 447–58.

5. J. Förster, H. Grant, L. C. Idson, and E. T. Higgins, "Success/Failure Feedback, Expectancies, and Approach/Avoidance Motivation: How Regulatory Focus Moderates Classic Relations," *Journal of Experimental Social Psychology* 37 (2001): 253–60.

6. E. T. Higgins, R. S. Friedman, R. E. Harlow, L. C. Idson, O. N. Ayduk, and A. Taylor, "Achievement Orientations from Subjective Histories of Success: Promotion Pride versus Prevention Pride," *European Journal of Social Psychology* 31 (2001): 3–23.

7. J. Norem, *The Positive Power of Negative Thinking* (New York: Basic Books, 2001).

8. P. Lockwood, C. H. Jordan, and Z. Kunda, "Motivation by Positive or Negative Role Models: Regulatory Focus Determines Who Will Best Inspire Us," *Journal of Personality and Social Psychology* 83 (2002): 854–64.

9. L. Werth and J. Förster, "How Regulatory Focus Influences Consumer Behavior," *European Journal of Social Psychology* 36 (2006): 1–19.

10. E. T. Higgins, H. Grant, and J. Shah, "Self-Regulation and Quality of Life: Emotional and Non-emotional Life Experiences," in *Well-being: The Foundations of Hedonic Psychology*, D. Kahnemann, E. Diener, and N. Schwarz, eds. (New York: Russell Sage Foundation, 1999), pp. 244–66.

11. E. Crowe and E. T. Higgins, "Regulatory Focus and Strategic Inclinations: Promotion and Prevention in Decision Making," *Organizational Behavior and Human Decision Processes* 69 (1997): 117–32.

12. N. Liberman, L. C. Idson, C. J. Camacho, and E. T. Higgins, "Promotion and Prevention Choices between Stability and Change," *Journal of Personality and Social Psychology* 77 (1999): 1135–45.

13. A. L. Freitas, N. Liberman, P. Salovey, and E. T. Higgins, "When to Begin? Regulatory Focus and Initiating Goal Pursuit," *Personality and Social Psychology Bulletin* 28 (2002): 121–30.

14. R. Zhu and J. Meyers-Levy, "Exploring the Cognitive Mechanism That Underlies Regulatory Focus Effects," *Journal of Consumer Research* 34 (2007).

15. D. Molden, G. Lucas, W. Gardner, K. Dean, and M. Knowles, "Motivations for Prevention or Promotion following Social Exclusion: Being Rejected versus Being Ignored," *Journal of Personality and Social Psychology* 96 (2009): 415–31.

16. E. T. Higgins, "Regulatory Fit in the Goal-Pursuit Process," in *The Psychology of Goals*, G. Moskowitz and H. Grant, eds. (New York: Guilford, 2009).

17. H. Grant, A. Baer, E. T. Higgins, and N. Bolger, "Coping Style and Regulatory Fit: Emotional Ups and Downs in Daily Life," unpublished manuscript, 2010.

18. J. Förster, E. T. Higgins, and A. Taylor Bianco, "Speed/Accuracy in Performance: Tradeoff in Decision Making or Separate Strategic Concerns?" *Organizational Behavior and Human Decision Processes* 90 (2003): 148–64.

19. D. Miele, D. Molden, and W. Gardner, "Motivated Comprehension Regulation: Vigilant versus Eager Metacognitive Control," *Memory &*

Cognition 37 (2009): 779–95.

20. L. Werth and J. Förster, "The Effects of Regulatory Focus on Braking Speed," *Journal of Applied Social Psychology* (2007).

21. P. Fuglestad, A. Rothman, and R. Jeffery, "Getting There and Hanging On: The Effect of Regulatory Focus on Performance in Smoking and Weight Loss Interventions," *Health Psychology* 27 (2008): S260–70.

22. A. L. Freitas, N. Liberman, and E. T. Higgins, "Regulatory Fit and Resisting Temptation during Goal Pursuit," *Journal of Experimental Social Psychology* 38 (2002): 291–98.

23. A. D. Galinsky and T. Mussweiler, "First Offers As Anchors: The Role of Perspective-Taking and Negotiator Focus," *Journal of Personality and Social Psychology* 81(2001): 657–69.

第 5 章

1. R. Ryan and E. Deci, "Self-Determination Theory and the Facilitation of Intrinsic Motivation, Social Development, and Well-being," *American Psychologist* 55 (2000): 68–78.

2. M. E. P. Seligman, *Authentic Happiness* (New York: Free Press, 2004).

3. M. Hagger, N. Chatzisarantis, T. Culverhouse, and S. Biddle, "The Processes by Which Perceived Autonomy Support in Physical Education Promotes Leisure-Time Physical Activity Intentions and Behavior: A Trans-Contextual Model," *Journal of Educational Psychology* 95 (2003): 784–95.

4. G. C. Williams, V. M. Grow, Z. R. Freedman, R. M. Ryan, and E. L. Deci, "Motivational Predictors of Weight Loss and Weight-Loss Maintenance," *Journal of Personality and Social Psychology* 70 (1996): 115–26.

5. G. C. Williams, Z. R. Freedman, and E. L. Deci, "Supporting Autonomy to Motivate Patients with Diabetes for Glucose Control," *Diabetes Care* 21 (1998): 1644–51.

6. R. M. Ryan, R. W. Plant, and S. O'Malley, "Initial Motivations for Alcohol Treatment: Relations with Patient Characteristics, Treatment Involvement and Dropout," *Addictive Behaviors* 20 (1995): 279–97.

7. A. Greenstein and R. Koestner, "Autonomy, Self-Efficacy, Readiness and Success at New Year's Resolutions," paper presented at the meeting of the Canadian Psychology Association, Ottawa, Ontario, Canada, 1994.

8. E. L. Deci, J. Nezlek, and L. Sheinman, "Characteristics of the Rewarder and Intrinsic Motivation of the Rewardee," *Journal of Personality and Social Psychology* 40 (1981): 1–10.

9. D. I. Cordova and M. R. Lepper, "Intrinsic Motivation and the Process of Learning: Beneficial Effects of Contextualization, Personalization, and Choice," *Journal of Educational Psychology* 88 (1996): 715–30.

10. E. J. Langer and J. Rodin, "The Effects of Choice and Enhanced Personal Responsibility for the Aged: A Field Experiment in an Institutional Setting," *Journal of Personality and Social Psychology* 34 (1976): 191–98.

11. R. M. Ryan, S. Rigby, and K. King, "Two Types of Religious Internalization and Their Relations to Religious Orientations and Mental Health," *Journal of Personality and Social Psychology* 65 (1993): 586–96.

第 7 章

1. T. Chartrand, J. Huber, B. Shiv, and R. Tanner, "Nonconscious Goals and Consumer Choice," *Journal of Consumer Research* 35 (2008): 189–201.

第 8 章

1. Charles S. Carver and Michael F. Scheier, *Attention and Self-Regulation: A Control-Theory Approach to Human Behavior* (New York: Springer, 1981).

第 9 章

1. C. J. Armitage, "Implementation Intentions and Eating a Low-Fat Diet: A Randomized Controlled Trial," *Health Psychology* 23 (2004): 319–23.

2. C. Armitage, "Efficacy of a Brief Worksite Intervention to Reduce Smoking: The Roles of Behavioral and Implementation Intentions," *Journal of Occupational Health Psychology* 12 (2007): 376–90.

3. P. M. Gollwitzer and P. Sheeran, "Implementation Intentions and Goal Achievement: A Meta-analysis of Effects and Processes," *Advances in Experimental Social Psychology* 38 (2006): 69–119.

4. C. Martijn, H. Alberts, P. Sheeran, G. Peters, J. Mikolajczak, and N. de Vries, "Blocked Goals, Persistent Action: Implementation Intentions

Engender Tenacious Goal Striving," *Journal of Experimental Social Psychology* 44 (2008): 1137–43.

5. A. Achtziger, P. Gollwitzer, and P. Sheeran, "Implementation Intentions and Shielding Goal Striving from Unwanted Thoughts and Feelings," *Personality and Social Psychology Bulletin* 34 (2008): 381–93.

第 10 章

1. A. L. Duckworth and M. E. P. Seligman, "Self-Discipline Outdoes IQ Predicting Academic Performance in Adolescents," *Psychological Science* 16 (2005): 939–44.

2. K. Vohs, R. Baumeister, B. Schmeichel, J. Twenge, N. Nelson, and D. Tice, "Making Choices Impairs Subsequent Self-Control: A Limited-Resource Account of Decision Making, Self-Regulation, and Active Initiative," *Journal of Personality and Social Psychology* 94 (2008): 883–98.

3. M. Muraven, "Building Self-Control Strength: Practicing Self-Control Leads to Improved Self-Control Performance," *Journal of Experimental Social Psychology* 46 (2010): 465–68.

4. M. Oaten and K. Cheng, "Longitudinal Gains in Self-Regulation from Regular Physical Exercise," *British Journal of Health Psychology* 11 (2006): 717–33.

5. M. van Dellen and R. Hoyle, "Regulatory Accessibility and Social Influences on State Self-Control," *Personality and Social Psychology Bulletin* 36 (2010): 251–63.

6. J. M. Ackerman, N. J. Goldstein, J. R. Shapiro, and J. A. Bargh, "You Wear Me Out: The Vicarious Depletion of Self-Control," *Psychological Science* 20 (2009): 326–32.

7. D. M. Tice, R. F. Baumeister, D. Shmueli, and M. Muraven, "Restoring the Self: Positive Affect Helps Improve Self-Regulation following Ego Depletion," *Journal of Experimental Social Psychology* 43 (2007): 379–84.

8. M. T. Gailliot, R. F. Baumeister, C. N. DeWall, et al., "Self-Control Relies on Glucose As a Limited Energy Source: Willpower Is More Than a Metaphor," *Journal of Personality and Social Psychology* 92 (2007): 325–36.

9. R. T. Donohoe and D. Benton, "Blood Glucose Control and Aggressiveness in Females," *Personality and Individual Differences* 26 (1999): 905–11.

10. R. F. Baumeister, T. F. Heatherton, and D. M. Tice, *Losing Control: How and Why People Fail at Self-Regulation* (San Diego, Calif.: Academic Press, 1994).

11. M. Muraven and E. Slessareva, "Mechanisms of Self-Control Failure: Motivation and Limited Resources," *Personality and Social Psychology Bulletin* 29 (2003): 894–906.

12. L. Nordgren, F. van Harreveld, and J. van der Pligt, "The Restraint Bias: How the Illusion of Self-Restraint Promotes Impulsive Behavior," *Psychological Science* 20, no. 12 (2009): 1523–28.

第 11 章

1. K. Assad, M. Donnellan, and R. Conger, "Optimism: An Enduring Resource for Romantic Relationships," *Journal of Personality and Social Psychology* 93 (2007): 285–97.

2. A. Geers, J. Wellman, and G. Lassiter, "Dispositional Optimism and Engagement: The Moderating Influence of Goal Prioritization," *Journal of Personality and Social Psychology* 96 (2009): 913–32.

3. S. C. Segerstrom, "Optimism and Attentional Bias for Negative and Positive Stimuli," *Personality and Social Psychology Bulletin* 27 (2001): 1334–43.

4. B. Gibson and D. Sanbonmatsu, "Optimism, Pessimism, and Gambling: The Downside of Optimism," *Personality and Social Psychology Bulletin* 30 (2004): 149–59.

5. L. Sanna, "Defensive Pessimism, Optimism, and Simulating Alternatives: Some Ups and Downs of Prefactual and Counterfactual Thinking," *Journal of Personality and Social Psychology* 71 (1996): 1020–36.

6. N. D. Weinstein, "Unrealistic Optimism about Future Life Events," *Journal of Personality and Social Psychology* 39 (1980): 806–20.

7. P. Harris, D. Griffin, and S. Murray, "Testing the Limits of Optimistic Bias: Event and Person Moderators in a Multilevel Framework," *Journal of Personality and Social Psychology* 95 (2008): 1225–37.

8. J. Ruthig, R. Perry, N. Hall, and S. Hladkyj, "Optimism and Attributional Retraining: Longitudinal Effects on Academic Achievement, Test

Anxiety, and Voluntary Course Withdrawal in College Students," *Journal of Applied Social Psychology* 34 (2004): 709–30.

9. I. D. Rivkin and S. E. Taylor, "The Effects of Mental Simulation on Coping with Controllable Stressful Events," *Personality and Social Psychology Bulletin* 25, no. 12 (1999): 1451–62.

第 12 章

1. A. L. Duckworth, C. Peterson, M. D. Matthews, and D. R. Kelly, "Grit: Perseverance and Passion for Long-Term Goals," *Journal of Personality and Social Psychology* 92, no. 6 (2007): 1087–1101.

2. B. Weiner, *An Attributional Theory of Motivation and Emotion* (New York: Springer-Verlag, 1986).

3. R. D. Hess, C. Chih-Mei, and T. M. McDevitt, "Cultural Variations in Family Beliefs about Children's Performance in Mathematics: Comparisons among People's Republic of China, Chinese-American, and Caucasian-American Families," *Journal of Educational Psychology* 79, no. 2 (1982): 179–88.

4. K. Shikanai, "Effects of Self-Esteem on Attribution of Success-Failure," *Japanese Journal of Experimental Social Psychology* 18 (1978): 47–55.

5. R. D. Hess, C. Chih-Mei, and T. M. McDevitt, "Cultural Variations in Family Beliefs about Children's Performance in Mathematics: Comparisons among People's Republic of China, Chinese-American, and Caucasian-American Families," *Journal of Educational Psychology* 79, no. 2 (1982): 179–88.

6. N. Jostmann and S. Koole, "When Persistence Is Futile: A Functional Analysis of Action Orientation and Goal Disengagement," in *The Psychology of Goals*, G. Moskowitz and H. Grant, eds. (New York: Guilford, 2009).

7. C. Wrosch, M. F. Scheier, G. E. Miller, R. Schulz, and C. S. Carver, "Adaptive Self-Regulation of Unattainable Goals: Goal Disengagement, Goal Re-engagement, and Subjective Well-being," *Personality and Social Psychology Bulletin* 29 (2003): 1494–1508.

第 13 章

1. M. H. Kemis, J. Brockner, and B. S. Frankel, "Self-Esteem and Reac-

tions to Failure: The Mediating Role of Overgeneralization," *Journal of Personality* 57 (1989): 707–14.

2. J. Henderlong and M. R. Lepper, "The Effects of Praise on Children's Intrinsic Motivation: A Review and Synthesis," *Psychological Bulletin* 128 (2002): 774–95.

3. C. M. Mueller and C. S. Dweck, "Praise for Intelligence Can Undermine Children's Motivation and Performance," *Journal of Personality and Social Psychology* 75 (1998): 33–52.